2023年版

下水道管きょ更生工法
ガイドブック

公益財団法人 日本下水道新技術機構 監修

は し が き

　我が国の下水道は、高度経済成長期から急速に整備が進められ、令和3年度末の下水道処理人口普及率は80.6%に達し、下水道管路の総延長は約49万km、処理場数は約2,200カ所と膨大なストックを有する社会基盤となっています。特に管路施設は、総延長のうち50年を経過しているものが全国で約3万km（約6%）となっており、今後加速度的に増加し、20年後には約40%に相当する約20万kmにもなると想定されています。

　下水道による持続的なサービス提供は、ストック（施設）が一定程度健全に保たれて初めて可能になりますが、管路施設は、日々劣化し、点検・調査、修繕・改築のコストの増大を招くととともに、適切な維持管理が行われなかった場合、管路の破損等による道路陥没や汚水の流出などが発生するリスクをはらんでいます。こうした日常生活や社会活動に重大な影響を及ぼす事態を未然に防止し、将来にわたって持続的な下水道機能を確保するためには、大量のストックの適切な維持管理と改築が必要であり、そのための技術開発や技術力の向上が求められています。

　なかでも、下水道管きょの更生技術はその要となるものであり、これまでに多種多様な工法が民間企業によって開発・実用化されてきました。〈公益財団法人〉日本下水道新技術機構（以下、「下水道機構」という。）では、これら民間企業が開発した管きょ更生工法について建設技術審査証明事業（下水道技術）による技術審査を行い、その性能を確認した技術に審査証明書を交付しています。下水道管路施設の適切で効率的な維持管理が課題となるなか、これらの技術への需要も着実に増加し、それに伴ってユーザーである地方公共団体や関連企業から管きょ更生工法に関する技術情報を求める声が多く聞かれるようになりました。

　本書は、下水道機構が実施した建設技術審査証明事業（下水道技術）で審査証明書を交付した管きょ更生工法のうち、下水道機構が審査基準等を示し、その確認を行う「基準達成型」の技術を中心に取りまとめたものです。また、本書は、下水道機構が日本水道新聞社からの依頼を受け、審査証明を交付している各管きょ更生工法について作成している技術的内容に関する監修を行ったものです。

　管きょ更生技術の多種多様な工法のなかから、それぞれの改築事業に見合った工法の選定に本書が活用され、膨大なストックとなった下水道管路施設の適切で効率的な維持管理につなげていただければ、幸甚に存じます。

令和5年7月

本ガイドブックの編集にあたって

1. 建設技術審査証明について

　下水道機構が行っている建設技術審査証明事業は、下水道事業における技術の活用促進に寄与することを目的として、民間企業において研究開発された技術を対象に審査を行い、その性能、特長等を客観的に証明しています。民間企業から下水道機構に依頼のあった技術について、受付審査会で対象技術としての適否を確認し、その後、大学、研究機関等の学識経験者や国・地方公共団体等の技術者からなる審査証明委員会や、その下部組織である5つの部門別委員会で厳正に審査が行われ、対象技術の開発目標を確認し適合すると判断した技術に対して下水道機構が審査証明書を交付しています。これらの技術については、「報告書」や「技術概要書」等が作成され、下水道機構が全国の地方公共団体等に配布し、公共事業で技術導入する際の判断資料として広く活用されています。

2. 審査証明事業の区分と流れ

　審査証明事業は、民間企業が掲げた開発目標を達成しているかを確認し証明する「開発目標型」と下水道機構が審査基準等（評価項目、試験方法、要求性能等）を示し、その確認を行う「基準達成型」の2つに区分されています。また、「開発目標型」と「基準達成型」の混合タイプの技術もあります。対象技術の申請受付は、前年度 1~3 月の事前受付を経て、4月の初旬から中旬にかけて行われ、申請者の依頼内容に基づき「受付審査会」で対象としての適否を受付審査基準により判断します。その後、大学や地方公共団体等の有識者で構成される「審査証明委員会」で審査方針等が決定され、「部門別委員会」で審査や現地立会試験等が行われます。この結果に対して、「審査証明委員会」において最終審議が行われ、下水道事業への適切確実な導入に資すると判断された技術に対して年度末に審査証明書が交付されます。

3. 基準達成型の技術について

　管きょ更生工法における「基準達成型」の審査証明方式として取り扱う技術は、あらかじめ下水道機構が示した以下の各条件を満たし、審査により確認した技術について審査証明書を交付しています。

管きょ更生工法（自立管および複合管）における次に示した技術

平成 30 年度以降における依頼技術の条件

　「管きょ更生工法における設計・施工管理ガイドライン -2017 年版 -」（平成 29 年7月、（公社）日本下水道協会）に記載の条件を満たす技術で、施工形式、構造形式により表のように分類しています。

表　対象とする更生工法の区分一覧

更生工法の区分		
区分	施工形式	構造形式
1	密着管	自立管構造
2	現場硬化管	
3	ら旋巻管	複合管構造
4	組立管	

4．本書の主な内容

本書では、以下の通り3項目に分け、管きょ更生工法について示しています。

Ⅰ．管きょ更生技術の紹介【37技術】

下水道機構において審査証明を交付した管きょ更生工法のうち、「管きょ更生工法における設計・施工管理ガイドライン -2017年版 -」（平成29年7月、（公社）日本下水道協会）に対応する全37技術が掲載されています。

また、各技術について、「Ⅲ．技術概要」内で掲載されているページを記しています。

Ⅱ．管きょ更生工法一覧表

管きょ更生工法の「管きょ更生工法における設計・施工ガイドライン -2017年版 -」（平成29年7月、（公社）日本下水道協会）に対応する、全37件のうち36件※の「基準達成型」技術について、各技術の開発目標の諸元を一覧表にまとめています。開発目標の諸元とは、同ガイドラインに記載の評価項目や要求性能を指しています。さらに、本項目の一覧表には、「開発目標型」における審査証明での開発目標として、上記のガイドラインに掲載項目のない取付管等の項目も追加して掲載しています。

※SRR-SE工法（構造形式：自立管、工法分類：製管工法、管の形成方法：嵌合製管）も本ガイドライン適用技術の位置づけであるが、「管きょ更生工法における設計・施工管理ガイドライン」-2017年度版 -（（公社）日本下水道協会）には要求性能が示されていないため一覧表には記載していない。

Ⅲ．技術概要

下水道機構の審査証明事業において作成している各工法の技術概要書を基にして技術の概要を解説しています。

なお、技術によっては、ガイドラインに掲載項目のない取付管についても記述しています。

目　次

Ⅰ. 管きょ更生技術の紹介【37技術】……………………………………2〜3

Ⅱ. 管きょ更生工法一覧表 ………………………………………4〜12

「管きょ更生工法における設計・施工管理ガイドライン―2017年版―」
((公社)日本下水道協会)に該当する工法

・自立管① ……………………………………………………4〜6

・自立管② ……………………………………………………7〜9

・複合管 …………………………………………………10〜12

Ⅲ. 技術概要 ……………………………………………………13〜124

広告 ………………………………………………………………127

I. 管きょ更生技術【37技術】①

※は連絡窓口です。

ページ数	技術名称	副題	技術保有会社	審査証明年月日	有効期限	電話番号
14～16	オメガライナー工法	下水道管きょの更生工法 －形成工法・熱形成タイプ－ および取付管の修繕工法	東京都下水道サービス㈱ 積水化学工業㈱ 足立建設工業㈱ (日本SPR工法協会)※	2021/3/18	2026/3/31	03-5209-0130
17～19	EX工法＜自立管＞	下水道管きょの更生工法 －形成工法・熱形成タイプ－ および取付管の修繕工法	㈱大阪防水建設社 ㈱クボタケミックス (EX・ダンビー協会)※	2021/3/18	2026/3/31	03-6806-7133
20～22	ポリエチレン・コンパクトパイプ工法	下水道管きょの更生工法 －形成工法・熱形成タイプ－	㈱トラストテクノ　㈱オクムラ道路 新ケミカル商事㈱　泉都興業㈱ 大幸道路管理㈱ (ポリエチレンライニング工法協会)※	2019/3/15	2024/3/31	078-595-9492
23～25	シームレスシステム工法 Sタイプ	下水道管きょの更生工法 －形成工法－	東亜グラウト工業㈱ 大林道路㈱ エスジーシー下水道センター㈱ (光硬化工法協会)※	2022/3/16	2027/3/31	03-5367-5173
26～28	シームレスシステム工法 SⅡタイプ	下水道管きょの更生工法 －形成工法－	東亜グラウト工業㈱ 大林道路㈱ エスジーシー下水道センター㈱ (光硬化工法協会)※	2022/3/16	2027/3/31	03-5367-5173
29～31	アルファライナー工法	下水道管きょの更生工法 －形成工法－	東亜グラウト工業㈱ (光硬化工法協会)※	2019/3/15	2024/3/31	03-5367-5173
32～34	アルファライナーH工法	下水道管きょの更生工法 －形成工法－	東亜グラウト工業㈱ (光硬化工法協会)※	2022/3/16	2027/3/31	03-5367-5173
35～37	ブイレイズ工法	下水道管きょの更生工法 －形成工法－	タキロンシーアイシビル㈱　※	2021/3/18	2026/3/31	06-6453-6533
38～40	J－TEX工法	下水道管きょの更生工法 －形成工法－	㈱SORS (J-TEX工法協会)※	2021/3/18	2026/3/31	024-559-2658
41～43	SDライナーⅡ工法 ＜G+VE＞	下水道管きょの更生工法 －形成工法－	管水工業㈱ (SDライナー工法協会)※	2021/3/18	2026/3/31	027-329-7378
44～46	FFT－S工法	下水道管きょの更生工法 －形成工法－	タキロンシーアイシビル㈱　※	2019/3/15	2024/3/31	06-6453-6533
47～49	FFT－S工法 Hタイプ	下水道管きょの更生工法 －形成工法－	タキロンシーアイシビル㈱　※	2023/3/15	2028/3/31	06-6453-6587
50～52	インシチュフォーム工法 ＜高強度ガラスライナー＞	下水道管きょの更生工法 －形成工法－	日鉄パイプライン＆エンジニアリング㈱　※ Insituform Technologies, Inc.	2021/3/18	2026/3/31	03-6865-6037
53～55	スルーリング工法 ＜高強度タイプ＞	下水道管きょの更生工法 －形成工法－	㈲横島　ラック㈱　㈱太一 ㈱プランナー　岡三リビック㈱ (スルーリング工法協会)※	2020/3/17	2025/3/31	03-3873-6915
56～58	オールライナーZ工法	下水道管きょの更生工法 －形成工法－	アクアインテック㈱　※ 管清工業㈱	2020/3/17	2025/3/31	0537-35-0312
59～61	オールライナーHM工法	下水道管きょの更生工法 －形成工法－	アクアインテック㈱ 管清工業㈱ (オールライナー協会)※	2022/3/16	2027/3/31	0537-29-7613
62～64	パルテムSZ工法	下水道管きょの更生工法 －形成工法－	芦森工業㈱　※ 芦森エンジニアリング㈱	2022/3/16	2027/3/31	03-5823-3042
65～67	K－2工法	下水道管きょの更生工法 －形成工法－ および取付管の修繕工法	㈱神尾工業 ㈱京扇土木テクノロジー (K－2工法協会)※	2020/3/17	2025/3/31	0495-71-8930
68～70	SGICP－G工法	下水道管きょの更生工法 －反転・形成工法－ および取付管の修繕工法	㈱湘南合成樹脂製作所　※	2020/3/17	2025/3/31	0463-22-0307

SPR-SE工法は(公財)日本下水道新技術機構の建設技術審査証明事業(下水道技術)の「開発目標型」、これ以外の工法は「基準達成型」を取得

Ⅰ. 管きょ更生技術【37技術】②

※は連絡窓口です。

ページ数	技術名称	副題	技術保有会社	審査証明年月日	有効期限	電話番号
71～73	SDライナー工法 <F+VE>	下水道管きょの更生工法 －反転・形成工法－ および取付管の修繕工法	管水工業㈱ （SDライナー工法協会）※	2021/3/18	2026/3/31	027-329-7378
74～76	インシチュフォーム工法 <スタンダードライナー>	下水道管きょの更生工法 －反転・形成工法－	日鉄パイプライン＆エンジニアリング㈱ ※ Insituform Technologies, Inc.	2021/3/18	2026/3/31	03-6865-6037
77～79	C－ONE工法 Sタイプ	下水道管きょの更生工法 －反転工法－ および取付管の修繕工法	大管工業㈱ ※ ㈱大坂組	2020/3/17	2025/3/31	017-726-2100
80～82	C－ONE工法 Gタイプ	下水道管きょの更生工法 －反転工法－	大管工業㈱ ※ ㈱大坂組	2020/3/17	2025/3/31	017-726-2100
83～85	スルーリング工法 <スタンダードタイプ>	下水道管きょの更生工法 －反転・形成工法－ および取付管の修繕工法	㈲横島　ラック㈱　㈱太一 ㈱プランナー　岡三リビック㈱ （スルーリング工法協会）※	2020/3/17	2025/3/31	03-3873-6915
86～88	エポフィット工法 EGタイプ	下水道管きょの更生工法 －反転工法－	四国環境整備興業㈱ （エポフィット工法協会）※	2020/3/17	2025/3/31	0898-48-7077
89～91	Two-Wayライニング工法 <TWS>	下水道管きょの更生工法 －反転・形成工法－ および取付管の修繕工法	㈱環境施設 （Two－Wayライニング工法協会）※	2020/3/17	2025/3/31	092-894-6168
92～94	Two-Wayライニング工法 <TWG I>	下水道管きょの更生工法 －反転・形成工法－	㈱環境施設 （Two－Wayライニング工法協会）※	2020/3/17	2025/3/31	092-894-6168
95～97	SPR－SE工法	下水道管きょの更生工法 －製管工法－	東京都下水道サービス㈱ 積水化学工業㈱ 足立建設工業㈱ （日本SPR工法協会）※	2023/1/20	2027/3/31	03-5209-0130
98～100	SPR工法	下水道管きょの更生工法 －製管工法－	東京都下水道サービス㈱ 積水化学工業㈱ 足立建設工業㈱ （日本SPR工法協会）※	2023/3/15	2028/3/31	03-5209-0130
101～103	SPR－NX工法	下水道管きょの更生工法 －製管工法－	東京都下水道サービス㈱ 積水化学工業㈱ 足立建設工業㈱ （日本SPR工法協会）※	2022/3/16	2027/3/31	03-5209-0130
104～106	ダンビー工法	下水道管きょの更生工法 －製管工法－	㈱クボタケミックス ㈱クボタ建設 ㈱大阪防水建設社 （EX・ダンビー協会）※	2019/3/15	2024/3/31	03-6806-7133
107～109	SWライナー工法	下水道管きょの更生工法 －製管工法－	岡三リビック㈱　日東産業㈱ ㈱シーシーエス　㈱イーテックサーブ ㈲横島　（SWライナー工法協会）※	2021/3/18	2026/3/31	03-5782-8950
110～112	ストリング工法	下水道管きょの更生工法 －製管工法－	タキロンシーアイシビル㈱ ※	2022/3/16	2027/3/31	06-6453-9270
113～115	パルテム・フローリング工法	下水道管きょの更生工法 －製管工法－	芦森工業㈱ ※ 芦森エンジニアリング㈱	2022/3/16	2027/3/31	03-5823-3042
116～118	3Sセグメント工法	下水道管きょの更生工法 －製管工法－	㈱湘南合成樹脂製作所 前田建設工業㈱　西松建設㈱ 日本ヒューム㈱　（3SICP技術協会）※	2019/3/15	2024/3/31	03-5829-3581
119～121	クリアフロー工法	下水道管きょの更生工法 －製管工法－	㈱大阪防水建設社 ㈱クボタケミックス （クリアフロー工法協会）※	2019/3/15	2024/3/31	06-6761-6100
122～124	PFL工法	下水道管きょの更生工法 －製管工法－	㈱トラストテクノ　㈱オクムラ道路 NC建材　泉都興業㈱ 大幸道路管理㈱　東レ建設㈱ ㈱ヨシダ　（ポリエチレンライニング工法協会）※	2020/3/17	2025/3/31	078-595-9492

Ⅱ. 管きょ更生工法一覧表【自立管①】1/3

(公財)日本下水道新技術機構により、建設技術審査証明された工法(2023年4月1日現在)

項目	オメガライナー工法	EX工法<自立管>	ポリエチレン・コンパクトパイプ工法	シームレスシステム工法Sタイプ	シームレスシステム工法SIタイプ	アルファライナー工法	アルファライナーH工法	ブイレイズ工法	J-TEX工法	SDライナーⅡ工法<G+VE>	FFT-S工法Gタイプ	FFT-S工法Hタイプ	インシチュフォーム工法(高強度ガラスライナー)	スルーリング工法(高強度タイプ)	オールライナーZ工法	オールライナーHM工法	パルテムSZ工法	K-2工法
構造形式	自立管																	
工法分類	形成工法																	
管の形成方法	熱形成(密着管)			光硬化						熱硬化								
審査証明最新取得年月	2021年3月	2021年3月	2019年3月	2022年3月	2022年3月	2019年3月	2022年3月	2021年3月	2021年3月	2021年3月	2023年3月	2023年3月	2021年3月	2019年3月	2020年3月	2020年3月	2022年3月	2020年3月
既設管種※1	鉄筋コンクリート管、陶管	鉄筋コンクリート管、陶管	鉄筋コンクリート管、陶管	鉄筋コンクリート管、陶管	鉄筋コンクリート管、陶管	鉄筋コンクリート管、陶管	鉄筋コンクリート管、陶管	鉄筋コンクリート管、陶管	鉄筋コンクリート管、陶管	鉄筋コンクリート管、陶管	鉄筋コンクリート管、陶管	鉄筋コンクリート管、陶管	鉄筋コンクリート管、陶管	鉄筋コンクリート管、陶管	鉄筋コンクリート管、陶管	鉄筋コンクリート管、陶管	鉄筋コンクリート管、コンクリート管	鉄筋コンクリート管、陶管
管径(既設管) Min(mm)	◎150	◎150	◎200	◎200	◎200	◎150	◎150	◎200	◎150	◎200	◎150	◎150	◎150	◎200	◎150	◎150	◎150	◎200
管径(既設管) Max※2(mm)	◎400	◎400	◎350	◎800	◎800	◎1000	◎900	◎800	◎800	◎800	◎800	◎800	◎800	◎700	◎1000	◎600	◎800	◎600
施工延長(m)	150~250:120m 300:100m 350~380:70m 400:60m	150:40m 200:65m 250:100m 300:85m 350:65m 400:60m	200~250:100m 300~350:50m	100	100	100	100	200~250:40m 300~360:10m	150~500:40m 600~800:10m	700以下:75 800:50	150~700:100m 800:80m	100	80	90	150:60m 200~800:100m	200~600:100 150:80	100	200~350:120m 400~600:80m
施工方法 挿入方法	引込み	引込み	引込み	引込み	引込み	引込み	引込み	引込み	引込み	引込み	引込み	引込み	引込み	引込み	引込み	引込み	引込み	引込み
施工方法 拡径(硬化)方法	蒸気圧(冷却)	蒸気圧(冷却)	蒸気圧(冷却)	空気圧(光(UV))	空気圧(光(UV))	空気圧(光(UV))	空気圧(光(UV))	空気圧(光(UV))	空気圧(光(UV))	水圧(温水)or空気圧(蒸気)	空気圧(蒸気)	空気圧(蒸気)	空気圧(蒸気)	空気圧(温水シャワー)	水圧(温水)or空気圧(蒸気)	水圧(温水)or空気圧(蒸気)	空気圧(蒸気)	空気圧(温水シャワー)
既設管の状態による施工評価 段差ずれ※3(mm)	25	25	25	20	20	40	40	30	40	25	30	30	30	30	30	呼び形の10%	30	30
曲がり※3(°)	10°	10°	10°	10°	10°	10°(350未満)5°(350以上)	10°(350未満)5°(350以上)	8°以下	10°(350未満)5°(350以上)	700以下:10° 800まで:5°	10°	10°	10°	10°	10°	10°	10°	10°
継手隙間※3(mm)	50	50	50	50	50	50	50	110	100	50	110	110	110	50	100	50	50	50
浸入水 水圧(MPa)	0.05	0.05	0.05	0.05	0.05	0.025~0.06(拡径圧に同等)	0.025~0.06(拡径圧に同等)	0.05	0.03	0.05	0.05	0.05	0.05	0.03	温水0.07 蒸気0.05	0.05	0.05	0.05
浸入水 流量(L/min)	2	0.5	2	2	2	2	2	2	1	2	2	2	2	0.5	温水3.8 蒸気2.0	2	2	2
滞留水(mm)	50	50	—	—	—	—	—	—	—	50	100	100	100	50	70	呼び形の40%	50	70
更生材 更生材質	PVC	PVC	PE	UP	UP	UP	UP	UP	UP	VE	UP	UP	UP	UP	UP	VE	UP	UP
更生材 ガラス繊維の有無	—	—	—	○	○	○	○	○	○	○	○	○	○	○	○	○	○	○
偏平強さおよび外圧強さ※4	JSWAS K-1,19	JSWAS K-1,19	JSWAS K-1	JSWAS K-1	JSWAS K-1	JSWAS K-1,K-2	JSWAS K-1,K-2	JSWAS K-1,K-2	JSWAS K-1,K-2	JSWAS K-1,K-2	JSWAS K-1,K-2	JSWAS K-1,K-2	JSWAS K-1,K-2	JSWAS K-1,K-2	JSWAS K-1,K-2	JSWAS K-1	JSWAS K-1,K-2	JSWAS K-1
曲げ強さ(MPa) 短期 密着管 JISK7171	50	64	20	—	—	—	—	—	—	—	—	—	—	—	—	—	—	—
曲げ強さ(MPa) 短期 第一破壊時の曲げ応力度 JISK7171及びJISA7511附属書D	—	—	—	平板・更生管25	平板・更生管25	平板・更生管25	管軸/管周方向の平板・更生管25	平板120	平板・円弧25	25	平板140	管軸方向の平板140	25	72	45	管周方向の平板100	平板25	25
曲げ強さ(MPa) 短期 第一破壊時の曲げひずみ JISA7511附属書D	—	—	—	平板・更生管0.75	平板・更生管0.75	平板・更生管0.75	管軸/管周方向の平板・更生管0.75	平板0.75	平板・円弧0.75	0.75	平板0.75	管軸方向の平板0.75	0.75	0.80	0.75	管周方向の平板0.75	平板0.75	0.75
曲げ強さ(MPa) 長期 現場硬化ガラス繊維有り※5 JISK7039	—	—	—	60	40	60	60	150	70	70	66	100	100	40	40	80	50	40
曲げ強さ(MPa) 長期 現場硬化ガラス繊維無し※5 JISK7116	—	—	—	—	—	—	—	—	—	—	—	—	—	—	—	—	—	—
曲げ強さ(MPa) 長期 密着管 JISK7116 JISK7115	12.0	15.4	4.0	—	—	—	—	—	—	—	—	—	—	—	—	—	—	—
曲げ弾性率(MPa) 短期 JISK7171	1,760	2,000	820	平板7,355 更生管5,000	平板7,355 更生管5,000	平板11,400 更生管4,500	管軸方向の平板7,000 管周方向の平板15,000 管軸方向の円弧6,500 管周方向の更生管12,000	平板6,000 円弧5,000	平板13,000 円弧4,500	8,000	平板・更生管7,000	管軸方向の平板5,000 管軸方向の円弧4,000	5,900	6,000	管軸方向の平板・更生管4,000	平板10,000 更生管6,000	平板6,700 円弧5,300	5,900
曲げ弾性率(MPa) 長期 現場硬化ガラス繊維無し※5 JISK7116 / JISA7511附属書D	—	—	—	—	—	—	—	—	—	—	—	—	—	—	—	—	—	—
曲げ弾性率(MPa) 長期 現場硬化ガラス繊維有り※5 JISK7035	—	—	—	4,090	4,090	9,500	12,000	16,800	10,500	7,000	5,170	16,800	8,900	4,000	4,500	12,000	8,500	3,500
曲げ弾性率(MPa) 長期 密着管 JISK7116	1,270	1,250	370	—	—	—	—	—	—	—	—	—	—	—	—	—	—	—
備考															反転:インライナー 引込:ライニング材 併用			

※一線は、対象外項目
※SRR-SE工法(構造形式:自立管、工法分類:製管工法、管の形成方法:嵌合製管)も本ガイドライン適用技術の位置づけであるが、「管きょ更生工法における設計・施工管理ガイドライン」-2017年度版-((公社)日本下水道協会)には要求性能が示されていないため上表には記載していない。
※1:「管きょ更生工法における設計・施工管理ガイドライン」-2017年度版-((公社)日本下水道協会)で対象とする既設管種の鉄筋コンクリート管等の剛性管のみを示す。
※2:耐震設計における適用管径は、既設管呼び径800未満である。
※3:段差・ずれ、曲がり、継手隙間は、施工可能な最大値を示しており、管径ごとに値は異なる。また、流下能力の確保を前提としていない。
　　各管径ごとの数値や流下能力、前処理の有無については審査報告書を参照のうえ、個別に確認すること。
※4:φ600以下はJSWAS K-1と同等以上の偏平強さ、φ700以上はJSWAS K-2と同等以上の外圧強さを有する。
※5:試験結果に基づく50年後の推定値が設計値を上回ること。

管更生の材質記号	
RC	鉄筋コンクリート管
UP	不飽和ポリエステル樹脂
PE	高密度ポリエチレン樹脂
PVC	硬質塩化ビニル樹脂
FRPM	強化プラスチック複合管
VE	ビニルエステル樹脂

Ⅱ. 管きょ更生工法一覧表【自立管①】2/3

(公財)日本下水道新技術機構により、建設技術審査証明された工法(2023年4月1日現在)

構造形式		自立管																	
工法分類		形成工法																	
管の形成方法		熱形成（密着管）			光硬化								熱硬化						
工法名		オメガライナー工法	EX工法<自立管>	ポリエチレン・コンパクトパイプ工法	シームレスシステム工法Sタイプ	シームレスシステム工法SⅡタイプ	アルファライナー工法	アルファライナーH工法	ブイレイズ工法	J-TEX工法	SDライナー工法<G+VE>	FFT-S工法Gタイプ	FFT-S工法Hタイプ	インシチュフォーム工法（高強度ガラスライナー）	スルーリング工法（高強度タイプ）	オールライナーZ工法	オールライナーHM工法	バルテムSZ工法	K-2工法
審査証明最新取得年月		2021年3月	2021年3月	2019年3月	2022年3月	2022年3月	2019年3月	2022年3月	2021年3月	2021年3月	2021年3月	2019年3月	2023年3月	2021年3月	2020年3月	2020年3月	2022年3月	2022年3月	2020年3月
耐久性能	耐薬品性※6	JSWAS K-1、19	JSWAS K-1、19	JSWAS K-1	—	—	—	—	—	—	—	—	—	—	—	—	—	—	—
	浸漬後曲げ試験※7	—	—	—	JIS K7171	JIS K7171	JIS K7171	JIS K7171	JIS K7171	JIS K7171	JIS K7171	JIS K7171	JIS K7171	JIS K7171	JIS K7171	JIS K7171	JIS K7171	JIS K7171	JIS K7171
	耐摩耗性	JIS K7204	JIS K7204	JIS K7204	JIS A1452	JIS A1452	JIS A1452	JIS A1452	JIS A1452	JIS A1452	JIS A1452	JIS A1452	JIS A1452	JIS A1452	JIS A1452	JIS K7204	JIS K7204	JIS K7204	JIS K7204
	耐ストレイン・コロージョン性	—	—	—	JIS K7034	JIS K7034	JIS K7034	JIS K7034	JIS K7034	JIS K7034	JIS K7034	JIS K7034	JIS K7034	JIS K7034	JIS K7034	JIS K7034	JIS K7034	JIS K7034	JIS K7034
	水密性(MPa)	0.1	0.1	0.1	0.1	0.1	0.1	0.1	0.1	0.1	0.1	0.1	0.1	0.1	0.1	0.1	0.1	0.1	0.1(本管部) 0.05(接合部)
	耐劣化性(ガラス無)	JIS K7115	JIS K7115	JIS K7116	—	—	—	—	—	—	—	—	—	—	—	—	—	—	—
耐震性能	曲げ強さ(MPa) 短期 JISK7171	50	64	20	平板167 更生管80	平板167 更生管80	平板210 更生管100	管軸方向の平板120 管周方向の平板230 管軸方向の更生管100 管周方向の更生管200	平板120 円弧90	平板270 円弧90	150	平板・更生管140	管軸方向の平板140 管軸方向の円弧100	平板・更生管140	90	100	管軸方向の平板・更生管80	平板110 円弧80	120
	引張強さ(MPa) 短期 ISO8513(A)又は(B)又はJISK7161	30	42	15	平板90 更生管45	平板90 更生管45	平板90 更生管45	平板70 更生管30	平板80 円弧60	平板100 円弧50	90	平板・更生管80	管軸方向の平板70 管軸方向の円弧60	140	60	45	管軸方向の平板・更生管60	平板60 円弧55	90
	引張弾性率(MPa)	1,760	2,000	695	平板7,355 更生管5,200	平板7,355 更生管5,200	平板5,000 更生管3,000	平板4,000 更生管3,500	平板6,000 円弧5,000	平板5,000	7,000	平板・更生管6,000	管軸方向の平板4,000 管軸方向の円弧3,000	8,000	6,000	5,000	管軸方向の平板・更生管4,000	平板0,000 円弧5,000	8,600
	引張伸び率(%) 短期 ISO8513(A)又は(B)又はJISK7161 JISK6815-3 JISK7161	70.0	70.0	350.0	平板・更生管0.5	平板・更生管0.5	平板・更生管0.5	平板・更生管0.5	1.5	平板0.5 円弧0.5	0.5	平板1.5	管軸方向の平板1.5	0.5	0.6	0.5	管軸方向の平板・更生管0.5	平板0.5	0.5
	圧縮強さ(MPa) 短期 JISK7181	40	51	19	平板100 更生管50	平板100 更生管50	平板・更生管50	平板80 更生管70	平板60 円弧50	平板100 円弧60	70	平板・更生管60	管軸方向の平板80 管軸方向の円弧50	80	100	90	管軸方向の平板・更生管50	平板110 円弧100	124
	圧縮弾性率(MPa)	1,600	1,500	459	平板7,200 更生管4,500	平板7,200 更生管4,500	平板・更生管4,500	平板5,000 更生管3,000	平板4,000 円弧3,000	平板7,500 円弧5,000	4,500	平板・更生管4,000	管軸方向の平板4,000 管軸方向の円弧3,000	5,000	4,000	5,000	管軸方向の平板・更生管5,000	平板6,000 円弧4,500	6,300
水理性	成形後収縮性(h)※8	6.0	3.0	3.0	2.0	2.0	2.0	2.0	4.0	2.0	2.0	4.0	4.0	1.5	1.0	2.5	2.0	1.5	1.0
	粗度係数※9	0.010	0.010	0.010	0.010	0.010	0.010	0.010	0.010	0.010	0.010	0.010	0.010	0.010	0.010	0.010	0.010	0.010	0.010
取付管の審査証明標準適用範囲	区分	修繕	修繕	—	—	—	—	—	—	—	—	—	—	—	—	—	—	—	修繕
	取付管径 Min(mm)	◎150	◎150	—	—	—	—	—	—	—	—	—	—	—	—	—	—	—	◎150
	取付管径 Max(mm)	◎200	◎200	—	—	—	—	—	—	—	—	—	—	—	—	—	—	—	◎200
	施工延長(m)	5	14	—	—	—	—	—	—	—	—	—	—	—	—	—	—	—	13
備考		既設管への追従性(鋼管：φ250,管の有効長：2000mm)(1.5%軸方向変位+屈曲角0.4°、軸方向変位φ33mm,屈曲角7°)	既設管への追従性(鋼管：φ250,管の有効長：2000mm)(1.5%軸方向変位+屈曲角0.4°,軸方向変位φ33mm,屈曲角7°)	既設管への追従性(鋼管：φ250,管の有効長：2810mm)(1.5%軸方向変位+屈曲角1°)	既設管への追従性(鋼管：φ250,管の有効長：2000mm)(1.5%軸方向変位+屈曲角1°)	既設管への追従性(鋼管：φ250,管の有効長：2000mm)(1.5%軸方向変位+屈曲角1°)	既設管への追従性(鋼管：φ250,管の有効長：2000mm)(1.5%軸方向変位+屈曲角1°)	既設管への追従性(鋼管：φ250,管の有効長：2000mm)(1.5%軸方向変位+屈曲角1°)	既設管への追従性(鋼管：φ250,管の有効長：2000mm)(1.5%軸方向変位+屈曲角1.0°)	既設管への追従性(鋼管：φ250,管の有効長：2000mm)(1.5%軸方向変位+屈曲角1.0°)	既設管への追従性(鋼管：φ250,管の有効長：2000mm)(1.5%軸方向変位+屈曲角1.0°)	既設管への追従性(鋼管：φ250,管の有効長：2000mm)(1.5%軸方向変位+屈曲角1.0°)	既設管への追従性(鋼管：φ250,管の有効長：2000mm)(1.5%軸方向変位+屈曲角1.0°)	既設管への追従性(鋼管：φ250,管の有効長：1400mm)(1.5%軸方向変位+屈曲角1°)	既設管への追従性(鋼管：φ250,管の有効長：2400mm)(1.5%軸方向変位+屈曲角1.0°)	退水→既設管への追従性(鋼管：φ250,管の有効長：2000mm)(1.5%軸方向変位+屈曲角1.0°) 浸水→既設管への追従性(鋼管：φ250,管の有効長：1400mm)(1.5%軸方向変位+屈曲角1.0°)	既設管への追従性(鋼管：φ250,管の有効長：1685mm)(1.5%軸方向変位+屈曲角1.0°)	既設管への追従性(鋼管：φ250,管の有効長：2000mm)(1.5%軸方向変位+屈曲角40mm+屈曲角8°)	既設管への追従性(鋼管：φ250,管の有効長：1680mm)(1.5%軸方向変位+屈曲角1.0°)

※一線は、対象外項目　※6:耐久性(耐薬品性)の評価は下記項目に合格　※7:耐久性能(浸漬後曲げ試験)の評価は下記項目に合格　※8:成形後収縮性は収縮が収まり安定するまでの時間　※9:粗度係数については、自社試験による申告値

	JSWAS K-1	JSWAS K-2
水	○	○
塩化ナトリウム	○	○
硫酸	○	○
水酸化ナトリウム	○	○
硝酸	—	○

	判定値
基本試験(23℃、28日、8種)	曲げ強さ・曲げ弾性率保持率80%以上(28日後)
常温試験(23℃、1年、2種)	曲げ弾性率保持率70%以上(1年後)
促進試験(60℃、1年、2種)	曲げ弾性率保持率70%以上(28日後)
長期曲げ弾性率の推定	50年後の長期曲げ弾性率が設計値を下回らない

II. 管きょ更生工法一覧表【自立管①】3/3

構造形式			自立管																	
工法分類			形成工法																	
管の形成方法			熱形成(密着管)			光硬化						熱硬化									
工法名			オメガライナー工法	EX工法<自立管>	ポリエチレンコンパクトパイプ工法	シームレスシステム工法Sタイプ	シームレスシステム工法SIタイプ	アルファライナー工法	アルファライナーH工法	ブイレイズ工法	J-TEX工法	SDライナーII工法<G+VE>	FFT-S工法Gタイプ	FFT-S工法Hタイプ	インシチュフォーム工法(高強度ガラスライナー)	スルーリング工法(高強度タイプ)	オールライナーZ工法	オールライナーHM工法	パルテムSZ工法	K-2工法
審査証明最新取得年月			2021年3月	2021年3月	2019年3月	2022年3月	2022年3月	2019年3月	2022年3月	2021年3月	2021年3月	2021年3月	2019年3月	2023年3月	2021年3月	2020年3月	2020年3月	2020年3月	2022年3月	2020年3月
材料特性	現場硬化管	曲げ強さ(短期)※10 JIS K7171	—	—	—	100MPa	100MPa	100MPa	100MPa	100MPa	100MPa	100MPa	100MPa	100MPa	100MPa	100MPa	100MPa	100MPa	100MPa	100MPa
		破断時の引張伸び率※10 JIS K7162	—	—	—	2.0%	2.0%	2.0%	2.0%	2.0%	2.0%	2.0%	2.0%	2.0%	2.0%	2.0%	2.0%	2.0%	2.0%	2.0%
		負荷時のたわみ温度※10 JIS K7191-2附属書A				85℃	85℃	85℃	85℃	85℃	85℃	85℃	85℃	85℃	85℃	85℃	85℃	85℃	85℃	85℃
	密着管	引張弾性率 JIS K7161	1,760MPa	2,000MPa	695MPa	—	—	—	—	—	—	—	—	—	—	—	—	—	—	—
		引張強さ JIS K7161	30MPa	42MPa	15MPa	—	—	—	—	—	—	—	—	—	—	—	—	—	—	—
		圧縮弾性率 JIS K7181	1,600MPa	1,500MPa	459MPa	—	—	—	—	—	—	—	—	—	—	—	—	—	—	—
		圧縮強さ JIS K7181	40MPa	51MPa	19MPa	—	—	—	—	—	—	—	—	—	—	—	—	—	—	—
		曲げ弾性率(短期) JIS K7171	1,760MPa	2,000MPa	820MPa	—	—	—	—	—	—	—	—	—	—	—	—	—	—	—
		曲げ強さ(短期) JIS K7171	50MPa	64MPa	20MPa	—	—	—	—	—	—	—	—	—	—	—	—	—	—	—
		曲げ弾性率(長期) JIS K7161 PVCは水中	1,270MPa	1,250MPa	370MPa	—	—	—	—	—	—	—	—	—	—	—	—	—	—	—
		曲げ強さ(長期) JIS K7116 JIS K7115	12MPa	15.4MPa	4MPa	—	—	—	—	—	—	—	—	—	—	—	—	—	—	—
		引張破断伸び JIS K6815-3 JIS K7161	70%	70%	350%	—	—	—	—	—	—	—	—	—	—	—	—	—	—	—
		密度 JIS K7112	—	—	930kg/㎥	—	—	—	—	—	—	—	—	—	—	—	—	—	—	—
		熱安定性 JIS K6774附属書A	—	—	20min	—	—	—	—	—	—	—	—	—	—	—	—	—	—	—
		メルトマスフローレイト JIS K7210			0.2g/10min≦MFR≦1.4g/10min	—	—	—	—	—	—	—	—	—	—	—	—	—	—	—
		シャルピー衝撃強さ JIS K7111-1	6kJ/m²	6kJ/m²	—	—	—	—	—	—	—	—	—	—	—	—	—	—	—	—
物理特性		加熱伸縮率 JIS K6814	—	—	3%	—	—	—	—	—	—	—	—	—	—	—	—	—	—	—
		ビカット軟化温度 JIS K6816	60℃	76℃	—	—	—	—	—	—	—	—	—	—	—	—	—	—	—	—
備考																				

※一線は、対象外項目
※10:含浸前の樹脂に対して確認する試験

II. 管きょ更生工法一覧表【自立管②】1/3

(公財)日本下水道新技術機構により、建設技術審査証明された工法(2023年4月1日現在)

構造形式			自立管								
工法分類			反転工法								
管の形成方法			熱硬化								
工法名			SGICP-G工法	SDライナー工法〈F+VE〉	インシチュフォーム工法（スタンダードライナー）	C-ONE工法 Sタイプ	C-ONE工法 Gタイプ	スルーリング工法（スタンダードタイプ）	エポフィット工法 EGタイプ	Two-Way ライニング（TWS）	Two-Way ライニング（TWG I）
審査証明最新取得年月			2020年3月	2021年3月	2021年3月	2020年3月	2020年3月	2020年3月	2020年3月	2020年3月	2020年3月
既設管種※1			鉄筋コンクリート管、陶管	鉄筋コンクリート管、陶管	鉄筋コンクリート管、陶管	鉄筋コンクリート管、陶管	鉄筋コンクリート管、陶管	鉄筋コンクリート管、陶管	鉄筋コンクリート管、コンクリート管、陶管	鉄筋コンクリート管、陶管	鉄筋コンクリート管、陶管
管径（既設管）	Min(mm)		◎200	◎200	◎150	◎200	◎200	◎200	◎150	◎200	◎200
	Max※2(mm)		◎800	◎700	◎1200	◎1100	◎1100	◎1200	◎600	◎800	◎800
施工延長	(m)		70	112	70	100	100	140	60	90	90
施工方法	挿入方法		水圧or空気圧	水圧or空気圧	水圧or空気圧	空気圧or水圧+空気圧	空気圧or水圧+空気圧	水圧+空気圧	水圧	空気圧or水圧or水圧+空気圧	空気圧or水圧or水圧+空気圧
	拡径（硬化）方法		空気圧（温水シャワー）	水圧（温水）or空気圧（蒸気）	水圧（温水）or空気圧（蒸気）	空気圧（温水）	空気圧（温水）	空気圧（温水シャワー）	水圧（温水）	空気圧or水圧or水圧+空気圧（温水）	空気圧or水圧or水圧+空気圧（温水）
既設管の状態による施工評価	段差ずれ※3(mm)		30	25	30	30	30	30	20	30	30
	曲がり※3(°)		15°	10°	10°	10°	10°	10°	10°	10°	10°
	継手隙間※3(mm)		反転:80 形成:120	100	100	100	100	100	200	100	100
	浸入水	水圧(MPa)	0.08	0.05	0.08	0.03	0.03	0.03	0.04	0.03	0.03
		流量(L/min)	2	2	2	2	2	0.5	1	0.5	0.5
	滞留水(mm)		反転50 形成70	100	100	50	50	70	50	70	70
更生材	更生材質		UP	VE	UP	UP	UP	UP	EP	UP	UP
	ガラス繊維の有無		○	—	—	—	○	—	○	—	○
偏平強さ又は外圧強さ※4			JSWAS K-1、K-2	JSWAS K-1	JSWAS K-1	JSWAS K-1、K-2	JSWAS K-1、K-2	JSWAS K-1、K-2	JSWAS K-1	JSWAS K-1、K-2	JSWAS K-1、K-2
曲げ強さ(MPa)	短期	密着管 JISK7171	—	—	—	—	—	—	—	—	—
		第一破壊時の曲げ応力度 JISK7171及びJISA7511附属書D	70	25	25	25	25	31	平板25	25	25
		第一破壊時の曲げひずみ JISK7171及びJISA7511附属書D	1.00	0.75	0.75	0.75	0.75	0.80	平板0.75	0.75	0.75
		現場硬化ガラス繊維有り※5 JISK7039	45	—	—	—	40	—	30	—	45
	長期	現場硬化ガラス繊維無し※5 JISK7116	—	8	30	8	—	8	—	10	—
		密着管 JISK7116 JISK7115	—	—	—	—	—	—	—	—	—
曲げ弾性率(MPa)	短期	JISK7171	5,880	平板2,800 円弧2,100	平板2,500 更生管2,000	3,000	7,500	2,700	平板3,000	3,000	平板8,000 更生管5,000
	長期	現場硬化ガラス繊維無し※5 JISK7116	—	—	1,550(気中) 800(水中)	—	—	—	—	—	—
		現場硬化ガラス繊維無し※5 JISK7511附属書D	—	1,500	—	—	2,000	—	1,900	—	2,000
		現場硬化ガラス繊維有り※5 JISK7035	3,500	—	—	—	3,500	—	2,500	—	3,750
		密着管 JISK7116	—	—	—	—	—	—	—	—	—
備考			形成工法にも可能（施工延長等の条件を確認すること）	形成工法にも可能（施工延長等の条件を確認すること）	形成工法にも可能（施工延長等の条件を確認すること）			形成工法にも可能（施工延長等の条件を確認すること）		形成工法にも可能（施工延長欄カッコ書きは形成工法施工延長）	形成工法にも可能（施工延長欄カッコ書きは形成工法施工延長）

※—線は、対象外項目
※SRR-SE工法（構造形式:自立管、工法分類:製管工法、管の形成方法:嵌合製管）も本ガイドライン適用技術の位置づけであるが、
「管きょ更生工法における設計・施工管理ガイドライン」-2017年度版-（（公社）日本下水道協会）には要求性能が示されていないため上表には記載していない。
※1:「管きょ更生工法における設計・施工管理ガイドライン」-2017年度版-（（公社）日本下水道協会）で対象とする既設管種の鉄筋コンクリート管等の剛性管のみを示す。
※2:耐震設計における適用管径は、既設管呼び径800未満である。
※3:段差・ずれ、曲がり、継手隙間は、施工可能な最大値を示しており、管径ごとに値は異なる。また、流下能力の確保を前提としない。
　　各管径ごとの数値や流下能力、前処理の有無については審査報告書を参照のうえ、個別に確認すること。
※4:φ600以下はJSWAS K-1と同等以上の偏平強さ、φ700以上はJSWAS K-2と同等以上の外圧強さを有する。
※5:試験結果に基づく50年後の推定値が設計値を上回ること。

管更生の材質記号	
RC	鉄筋コンクリート管
UP	不飽和ポリエステル樹脂
PE	高密度ポリエチレン樹脂
PVC	硬質塩化ビニル樹脂
FRPM	強化プラスチック複合管
VE	ビニルエステル樹脂

Ⅱ. 管きょ更生工法一覧表【自立管②】2/3

(公財)日本下水道新技術機構により、建設技術審査証明された工法(2023年4月1日現在)

構造形式			自立管									
工法分類			反転工法									
管の形成方法			熱硬化									
工法名			SGICP-G工法	SDライナー工法(F+VE)	インシチュフォーム工法(スタンダードライナー)	C-ONE工法Sタイプ	C-ONE工法Gタイプ	スルーリング工法(スタンダードタイプ)	エポフィット工法EGタイプ	Two-Wayライニング〈TWS〉	Two-Wayライニング〈TWGⅠ〉
審査証明最新取得年月			2020年3月	2021年3月	2021年3月	2020年3月	2020年3月	2020年3月	2020年3月	2020年3月	2020年3月
耐久性能	耐薬品性※6		──	──	──	──	──	──	──	──	──
	浸漬後曲げ試験※7		JIS K7171	JIS K7171	JIS K7171	JIS K7171	JIS K7171	JIS K7171	JIS K7171	JIS K7171	JIS K7171
	耐摩耗性		JIS K7204	JIS A1452	JIS A1452	JIS K7204	JIS K7204	JIS A1452	JIS K7204	JIS K7204	JIS K7204
	耐ストレイン・コロージョン性		JIS K7034	──	──	──	JIS K7034	──	JIS K7034	──	JIS K7034
	水密性(MPa)		0.1	0.1	0.1	0.1	0.1	0.1(本管)0.03(接続部)	0.1	0.1	0.1
	耐劣化性(ガラス無)		──	JIS K7116	JIS K7116	JIS K7116	──	JIS K7116	──	JIS K7116	──
耐震性能	曲げ強さ(MPa)	短期 JISK7171	89	平板40円弧35	平板50更生管40	40	130	40	平板50	50	平板150更生管110
	引張強さ(MPa)	短期 ISO8513(A)又は(B)又はJISK7161	50	25.5	20	21	80	21	平板30	25	90
	引張弾性率(MPa)		6,000	2,700	2,200	2,500	8,000	2,000	平板2,000	3,000	9,000
	引張伸び率(%)	短期 ISO8513(A)又は(B)又はJISK7161 JISK6815-3 JISK7161	0.9	0.5	0.5	0.5	0.5	0.6	平板0.5	0.5	0.5
	圧縮強さ(MPa)	短期 JISK7181	50	100	60	90	150	90	平板40	90	150
	圧縮弾性率(MPa)		4,000	2,750	2,500	2,200	7,000	2,700	平板1,000	2,500	7,500
水理性	成形後収縮性(h)※8		3.0	2.0	2.5	2.0	2.0	1.0	3.0	1.0	1.0
	粗度係数※9		0.010	0.010	0.010	0.010	0.010	0.010	0.010	0.010	0.010
取付管の審査証明標準適用範囲	区分		修繕	──	──	修繕	──	修繕	──	修繕	──
	取付管径	Min(mm)	◎100	──	──	◎150	──	◎100	──	◎150	──
		Max(mm)	◎250	──	──	◎200	──	◎200	──	◎200	──
	施工延長(m)		15	──	──	20	──	15	──	12	──
備考			既設管への追従性(鋼管:φ250,管の有効長:3110mm)(1.5%軸方向変位+屈曲角1.0°)	既設管への追従性(鋼管:φ250,管の有効長:2000mm)(1.5%軸方向変位+屈曲角1.0°)	既設管への追従性(鋼管:φ250,管の有効長:1400mm)(1.5%軸方向変位+屈曲角2.0°)	既設管への追従性(鋼管:φ250,管の有効長:2000mm)(2%軸方向変位+屈曲角2°)	既設管への追従性(鋼管:φ250,管の有効長:2000mm)(2%軸方向変位+屈曲角2°)	既設管への追従性(鋼管:φ250,管の有効長:2000mm)(1.5%軸方向変位+屈曲角1.0°)	既設管への追従性(鋼管:φ250,管の有効長:2000mm)(40mm軸方向変位+屈曲角8°)	既設管への追従性(鋼管:φ250,管の有効長:1600mm)(1.5%軸方向変位+屈曲角1.0°)	既設管への追従性(鋼管:φ250,管の有効長:1600mm)(1.5%軸方向変位+屈曲角1.0°)

※一線は、対象外項目 ※6:耐久性(耐薬品性)の評価は下記項目に合格

	JSWAS K-1	JSWAS K-2
水	○	○
塩化ナトリウム	○	○
硫酸	○	○
水酸化ナトリウム	○	○
硝酸	―	○

※7:耐久性能(浸漬後曲げ試験)の評価は下記項目に合格

	判定値
基本試験(23℃,28日,8種)	曲げ強さ・曲げ弾性率保持率80%以上(28日後)
常温試験(23℃,1年,2種)	曲げ弾性率保持率70%以上(1年後)
促進試験(60℃,1年,2種)	曲げ弾性率保持率70%以上(28日後)
長期曲げ弾性率の推定	50年後の長期曲げ弾性率が設計値を下回らない

※8:成形後収縮性は収縮が収まり安定するまでの時間
※9:粗度係数については、自社試験による申告値

Ⅱ. 管きょ更生工法一覧表【自立管②】3/3

(公財)日本下水道新技術機構により、建設技術審査証明された工法(2023年4月1日現在)

			SGICP-G工法	SDライナー工法〈F+VE〉	インシチュフォーム工法(スタンダードライナー)	C-ONE工法 Sタイプ	C-ONE工法 Gタイプ	スルーリング工法(スタンダードタイプ)	エポフィット工法 EGタイプ	Two-Wayライニング〈TWS〉	Two-Wayライニング〈TWG Ⅰ〉
構造形式			自立管								
工法分類			反転工法								
管の形成方法			熱硬化								
審査証明最新取得年月			2020年3月	2021年3月	2021年3月	2020年3月	2020年3月	2020年3月	2020年3月	2020年3月	2020年3月
材料特性	現場硬化管	曲げ強さ(短期)※10 / JIS K7171	100MPa	100MPa	100MPa	100MPa	100MPa	100MPa	80MPa	100MPa	100MPa
		破断時の引張伸び率※10 / JIS K7162	2.0%	2.0%	2.0%	2.0%	2.0%	2.0%	2.5%	2.0%	2.0%
		負荷時のたわみ温度※10 / JIS K7191-2 附属書A	85℃	85℃	85℃	85℃	85℃	85℃	70℃	85℃	85℃
	密着管	引張弾性率 / JIS K7161	──	──	──	──	──	──	──	──	──
		引張強さ / JIS K7161	──	──	──	──	──	──	──	──	──
		圧縮弾性率 / JIS K7181	──	──	──	──	──	──	──	──	──
		圧縮強さ / JIS K7181	──	──	──	──	──	──	──	──	──
		曲げ弾性率(短期) / JIS K7171	──	──	──	──	──	──	──	──	──
		曲げ強さ(短期) / JIS K7171	──	──	──	──	──	──	──	──	──
		曲げ弾性率(長期) / JIS K7161 PVCは水中	──	──	──	──	──	──	──	──	──
		曲げ強さ(長期) / JIS K7116 JIS K7115	──	──	──	──	──	──	──	──	──
		引張破断伸び / JIS K6815-3 JIS K7161	──	──	──	──	──	──	──	──	──
		密度 / JIS K7112	──	──	──	──	──	──	──	──	──
		熱安定性 / JIS K6774 附属書A	──	──	──	──	──	──	──	──	──
		メルトマスフローレイト / JIS K7210	──	──	──	──	──	──	──	──	──
		シャルピー衝撃強さ / JIS K7111-1	──	──	──	──	──	──	──	──	──
物理特性		加熱伸縮率 / JIS K6814	──	──	──	──	──	──	──	──	──
		ビカット軟化温度 / JIS K6816	──	──	──	──	──	──	──	──	──
備考											

※一線は、対象外項目
※10:含浸前の樹脂に対して確認する試験

「管きょ更生工法における設計・施工管理ガイドライン-2017年版-」[（公社）日本下水道協会]に該当する

Ⅱ. 管きょ更生工法一覧表【複合管】1/3

(公財)日本下水道新技術機構により、建設技術審査証明された工法(2023年4月1日現在)

構造形式			複合管									
工法区分			製管工法									
管の製管方法			嵌合製管									熱溶接製管
工法名			SPR工法（ら旋巻管）		SPR-NX工法（ら旋巻管）	ダンビー工法（ら旋巻管）	SWライナー工法（ら旋巻管）	ストリング工法（組立管）	パルテム・フローリング工法（組立管）	3Sセグメント工法（組立管）	クリアフロー工法（組立管）	PFL工法
			元押し式（製管後注入）	自走式（製管後注入）								
審査証明最新取得年月			2023年3月		2022年3月	2019年3月	2021年3月	2022年3月	2022年3月	2019年3月	2019年3月	2020年3月
審査証明の標準適用範囲（施工管径・施工延長）	既設管種※1		鉄筋コンクリート管、陶管		鉄筋コンクリート管	鉄筋コンクリート管	鉄筋コンクリート管	鉄筋コンクリート管	鉄筋コンクリート管	鉄筋コンクリート管	鉄筋コンクリート管	鉄筋コンクリート管
	管径（既設管）	Min(mm)	円形:◎250	円形:◎800 非円形:□800	円形:◎1000	円形:◎800 非円形:□800	円形:◎800	円形:◎800 矩形:□800	円形:◎800 非円形:□800	円形:◎800 非円形:□1000	円形:◎2000	パネル式 円形:◎800以上 非円形:管きょ内で作業員が作業可能な場合 ライナー式 円形:◎800~◎2300 非円形:（馬てい形）1290×1290以下（管きょ内で作業可能な場合）
		Max(mm)※11	◎1500	◎4750 □5750	◎2200	◎3000 □3000	◎1800	◎2000 □5000	◎3000 □5000	◎3000 □6200	◎5000 □5000	
	施工延長（m）		60~100	200~500	200	特に制限なし	90~240	300	300	特に制限なし	特に制限なし	特に制限なし
施工方法	挿入方法		機械嵌合		機械嵌合	機械嵌合	機械嵌合	人力嵌合（嵌合治具使用）	人力嵌合	人力嵌合	人力嵌合	人力嵌合
	硬化方法											
内面更生材および組立材			PVC（プロファイル）		PVC（プロファイル） スチール補強材（SGCC）	PVC（ストリップ）	PVC（ストリップ）	PE（表面部材） 鋼製リング（SD345）	PE（表面部材） 鋼製リング（SS400）	PVC（セグメント）	PE（表面部材） 直線・ハンチ部補強鋼材（SS400）	PE（パネル、ライナー）
既設管の状態による施工性評価	段差・ずれ※12（mm）		20（◎500以下） 50（◎600~1200） 100（◎1350~1500）	50（◎1350以下） 90（◎1500） 100（◎1650以上）	標準更生径20以下 流量満足径50（◎1350以下） 90（◎1500） 100（◎2000以下）	円形:100 非円形:100	20	20	円形:12~125 非円形:10~128	円形:20~70 非円形:呼び径の2%（勾配調整:呼び径の2%までの高さ調整）	20	200
	屈曲角※12（°）		5°	円形:11.7~15.2° 非円形:9.4~14.7°	———	<標準ストリップ>S.L形:円形6°以下 非円形3°以下 LL,LLS形:円形8°以下 非円形4°以下 <曲線用ストリップ>円形12°以下 非円形6°以下	3°:呼び径800~1000未満 6°:呼び径1000~1800	<LFパネルV>円形:呼び径800~2000mm 矩形:短辺800mm以上、長辺5000mm以上6°以下 <LFパネルX>円形:呼び径1500~2000mm 3°以下	12°	円形きょ:最大20° 非円形きょ:最大17°（呼び径により異なる）	曲率半径1.3Bの曲率で製管可能な屈曲角以下（B:既設管内幅）	
	曲率半径※12（m）		———	曲率半径(R)50以上の曲がり部注) D(円形管の場合)=既設管内径 D(非円形管きょの場合)=既設管内幅	曲率半径(R)3D以上の曲がり部注) D(円形管の場合)=既設管内径	<標準ストリップ>S.L形:円形R≧20m 非円形R≧50m LL,LLS形:円形R≧7DR 非円形R≧8BR <曲線用ストリップ>円形:R≧既設管呼び径の5倍 非円形:R≧既設管内幅の10倍		<LFパネルV>曲率半径R≧15m	内法曲率半径R≧3.6	R≧3.2	曲率半径R≧1.3Bの曲がり部（B:既設管内幅）	
	継手隙間（mm）		120	———	———	150	150	150	200	150	150	200
	下水供用下の施工		水深:既設管径の30%かつ60cm以下 流速:1.0m/sec以下		水深:既設管径の30%かつ60cm以下 流速:1.0m/sec以下	水深:既設管径の30%かつ40cm以下 流速:1.0m/sec以下	水深:既設管径の30%以下 流速:1.0m/sec以下	水深:既設管径の17%かつ250mm以下 流速:0.6m/sec以下	水深:管きょ高さ1500未満⇒30cm以下 管きょ高さ1500以上⇒60cm以下 流速0.12m/sec以下（管内半川締切りを要す）	水深:◎800~1500⇒既設管径の30%以下 ◎1650~3000⇒50cm以下 流速:1.0m/sec以下（水深30cm以下の場合）0.2m/sec以下（水深30~50cmの場合）	水深:既設管径の15%かつ30cm以下 流速:1.0m/sec以下	
備考			非円形（卵形、矩形、馬蹄形）にも適用			非円形（矩形、馬蹄形、卵形）にも適用		非円形（矩形）にも適用	非円形（矩形、馬蹄形、門形）にも適用	非円形（矩形、馬蹄形）にも適用	非円形（矩形、馬蹄形）にも適用	非円形（矩形、馬蹄形、門形）にも適用

※一線は、対象外項目
※11:既設管呼び径800以上の鉛直断面の耐震性については、「新ガイドラインに基づき、計算を行い確認すること」。
※12:段差・ずれ、屈曲角、曲率半径は、施工可能な最大値を示しており、管径ごとに値は異なる。また、流下能力の確保を前提としていない。
　　各管径ごとの数値や流下能力、前処理の有無については審査報告書を参照のうえ、個別に確認すること。

管更生の材質記号	
UP	不飽和ポリエステル樹脂
PE	高密度ポリエチレン樹脂
PVC	硬質塩化ビニル樹脂
FRPM	強化プラスチック複合管
RC	鉄筋コンクリート管
PP	ポリプロピレン

Ⅱ. 管きょ更生工法一覧表【複合管】2/3

(公財)日本下水道新技術機構により、建設技術審査証明された工法(2023年4月1日現在)

	構造形式			複合管									
	工法区分			製管工法									
	管の製管方法			嵌合製管									熱溶接製管
	工法名	SPR工法(ら旋巻管) 元押し式(製管後注入)	SPR工法(ら旋巻管) 自走式(製管後注入)	SPR-NX工法(ら旋巻管)	ダンビー工法(ら旋巻管)	SWライナー工法(ら旋巻管)	ストリング工法(組立管)	パルテム・フローリング工法(組立管)	3Sセグメント工法(組立管)	クリアフロー工法(組立管)	PFL工法
	審査証明最新取得年月	2023年3月		2022年3月	2019年3月	2021年3月	2022年3月	2022年3月	2019年3月	2019年3月	2020年3月
耐荷性能	複合管断面の破壊強度・外圧強さ	JSWAS A-1 (破壊管、減肉管)		JSWAS A-1 (破壊管)	JSWAS A-1 (破壊管、20%減肉管、破壊減管に補強鋼材で補強)	JSWAS A-1 (破壊管)	円形管: JSWAS A-1 (破壊管) 矩形: プレキャストボックスカルバート(破壊管)	円形管: JSWAS A-1 (破壊管、減肉管) 矩形: プレキャストボックスカルバート(減肉管)	JSWAS A-1 (破壊管、減肉管)	JSWAS A-12 (破壊管、減肉管)	JSWAS A-1 (破壊管、減肉管)
耐荷性能（充てん材）	充てん材 材料	モルタル		モルタル	充てん材1: セメント、混和剤、硬化材 充てん材2: セメント、混和剤、添加剤	モルタル	モルタル (セメント、珪砂、混和剤)	モルタル (セメント、砂、混和剤)	モルタル	無機系ポリマーセメント	モルタル
	比重	SPR裏込め材 1号:1.25 SPR裏込め材 2号:1.75 SPR裏込め材 3号:2.10 SPR裏込め材 4号:2.00		NX裏込め材: 1.3 SPR裏込め材3号: 2.1 SPR裏込め材4号: 2.0	1号充てん材1:1.7 1号充てん材2:1.8 2号充てん材1:1.7 2号充てん材2:1.8 3号充てん材1:1.8 3号充てん材2:1.8	SW1 :2.1 SW1S:1.8 SW2 :2.1 SW3 :2.1 SW4 :1.7	2.2	フローリングモルタル 1号:2 2号:2.1 3号:2.2	1号:2 3号:2 4号:2 5号:2 6号:2	CF1号:2.0 CF2号:1.8 CF3号:1.7	2.2
	圧縮強度 N/mm² (JSCE-G521)	SPR裏込め材12A号:12以上 SPR裏込め材21B号:21以上 SPR裏込め材35A号:35以上 SPR裏込め材55A号:55以上 SPR裏込め材21A号:21以上		NX裏込め材: 21以上 SPR裏込め材3号: 35以上 SPR裏込め材4号: 55以上	1号充てん材1:20以上 1号充てん材2:20以上 2号充てん材1:20以上 2号充てん材2:20以上 3号充てん材1:40以上 3号充てん材2:40以上	SW1 :20以上 SW1S:20以上 SW2 :20以上 SW3 :40以上 SW4 :20以上	30以上	フローリングモルタル 1号:24以上 2号:40以上 3号:24以上	1号:35以上 3号:35以上 4号:60以上 5号:35以上 6号:35以上	CF1号:50以上 CF2号:30以上 CF3号:30以上	45以上
	ヤング率 N/mm² (JISA 1149)	SPR裏込め材12A号:6000以上 SPR裏込め材21B号:6600以上 SPR裏込め材35A号:22000以上 SPR裏込め材55A号:28400以上 SPR裏込め材21A号:6600以上		NX裏込め材: 6,600以上 SPR裏込め材3号: 22,000以上 SPR裏込め材4号: 28,400以上	1号充てん材1:8,000以上 1号充てん材2:8,000以上 2号充てん材1:8,000以上 2号充てん材2:8,000以上 3号充てん材1:11,000以上 3号充てん材2:11,000以上	SW1 :8,000以上 SW1S:8,000以上 SW2 :8,000以上 SW3 :16,000以上 SW4 :8,000以上	20,000以上	フローリングモルタル 1号:15,000以上 2号:20,000以上 3号:15,000以上	1号:15,000以上 3号:15,000以上 4号:18,000以上 5号:15,000以上 6号:15,000以上	CF1号:17,000以上 CF2号:12,000以上 CF3号:9,000以上	25,000以上
耐久性能	ら旋管 リング剛性 (申告値・0.5kPa以上)※13										
	クリープ比(50年値) (申告値・2.5以上)※13										
	接合部引張強さ ※14	滑り方向 #90S:25.0N/cm以上,#87S:28.0N/cm以上、#80S,#80SF:35.0N/cm以上、#79S,#79SF:37.0N/cm以上,#792S,#792SF:39.0N/cm以上 接合面方向 #90S,#87S:70N/cm以上、#80S,#80SF:110N/cm以上、#79S,#79SF:110N/cm以上,#792S,#792SF:130N/cm以上		滑り方向 10N/cm以上 管軸方向 110N/cm以上		接合面方向 4 N/mm²以上	滑り方向 R5,R6:250N/cm以上 C5,C6:500N/cm以上 E5,E6:500N/cm以上 接合面方向 R5,R6:150N/cm以上 C5,C6:300N/cm以上 E5,E6:300N/cm以上				
	組立管 接合部の接合強さ	───	───	───	───		200N以上	0.01MPa以上	0.02MPa以上	0.01MPa以上	0.1MPa以上
	耐薬品性 (質量変化度 ±0.2mg/cm²以内)	JSWAS K-1		JSWAS K-1	JSWAS K-1	JSWAS K-1	JSWAS K-14	JSWAS K-14	JSWAS K-1	JSWAS K-14	JSWAS K-14
	耐摩耗性 (硬質塩ビ管(新管)と同程度)	JIS K7204		JIS K7204	JIS K7204	JIS K7204	JIS K7204	JIS K7204	JIS K7204	JIS K7204	JIS K7204
	一体性 (既設管と充填材が界面剥離しない)	JIS A1171 JIS A1106 建研式		JIS A1106 JIS A1171	JIS A1106 JIS A1171	JIS A1106 JIS A1171 JSWAS A-1 建研式	JIS A1106 JIS A1171 建研式 JIS A1171	JIS A1171 JSWAS A-1 複合体の曲げひずみ	JSWAS A-1 JIS A1106 1号:JIS A6203 3,4号:JIS A1171	JIS A1106 JIS A1171	JSWAS A-1 JISA1171
	備考										

※一線は、対象外項目
※13：更生管の構造計算に必要ない場合は不要
※14：接合部引張強さの試験は各工法で必要とされる表面部材の設置方向で行う。

Ⅱ. 管きょ更生工法一覧表【複合管】3/3

(公財)日本下水道新技術機構により、建設技術審査証明された工法(2023年4月1日現在)

構造形式			複合管									
工法区分			製管工法									
管の製管方法			嵌合製管									熱溶接製管
工法名			SPR工法（ら旋巻管）		SPR-NX工法（ら旋巻管）	ダンビー工法（ら旋巻管）	SWライナー工法（ら旋巻管）	ストリング工法（組立管）	パルテム・フローリング工法（組立管）	3Sセグメント工法（組立管）	クリアフロー工法（組立管）	PFL工法
			元押し式（製管後注入）	自走式（製管後注入）								
審査証明最新取得年月			2023年3月		2022年3月	2019年3月	2021年3月	2022年3月	2022年3月	2019年3月	2019年3月	2020年3月
耐震性能	水密性（表面部材）	（内外水圧0.1MPaで漏水がない(3分)）	0.2MPa		0.2MPa	0.2MPa	0.1MPa	0.1MPa	0.1MPa	<表面部材>標準タイプ0.3MPa スライドタイプ0.1MPa <更生材>(JSWAS K-2,耐震性試験において確認)	0.2MPa	<表面部材>0.1MPa
	管軸方向の耐震性（複合条件）	軸方向変位量≧36.5(mm)	36.5		——	36.5	36.5	36.5	36.5	36.5	30	36.5
		屈曲角≧0.4(°)	1.0		——	1.0	0.40	0.4	1.0	0.5	——	1.0
		内・外水圧(MPa)	φ<800mm(内)0.2 (外)0.15 / 800mm≦φ(内)0.2		——	(内)0.2	(内)0.1	(内)0.1	(内)0.1	(内)0.1 (外)0.1	(内)0.05	(内)0.1
		供試体の形状	①呼び径600 ②呼び径800 鉄筋コンクリート管更生管 管の有効長:2430mm		——	呼び径800 鉄筋コンクリート管更生管 管の有効長:2430mm	呼び径800 鉄筋コンクリート管更生管 管の有効長:2430mm	呼び径800 鉄筋コンクリート管更生管 管の有効長:2430mm	呼び径900 鉄筋コンクリート管更生管 管の有効長:2430mm	呼び径800 鉄筋コンクリート管更生管 管の有効長:2430mm	呼び寸法1500×1500 ボックスカルバート更生管 管の有効長:2000mm	呼び径800 鉄筋コンクリート管更生管 管の有効長:2430mm
水理性能	粗度係数※15		0.010		0.010	0.010	0.010	0.010	0.010	0.010	0.010	0.010
材料特性（製造段階）表面部材	引張弾性係数※16	ら旋巻管PVC(2GPa以上)	——		——	——	2.0GPa以上	——	——	——	——	——
		ら旋巻管PE(800MPa以上)	——		——	——	——	——	——	——	——	——
	長手方向引張降伏強さ	ら旋巻管PVC(35MPa以上)	35MPa以上		35MPa以上	35MPa以上	35MPa以上	——	——	——	——	——
		ら旋巻管PE(15MPa以上)	——		——	——	——	——	——	——	——	——
		組立管PVC(35MPa以上)	——		——	——	——	——	——	35MPa以上	——	——
		組立管PE(15MPa以上)	——		——	——	——	15MPa以上	15MPa以上	——	15MPa以上	16MPa以上
	引張破断伸び	ら旋巻管PVC(40%以上)	40%以上		40%以上	40%以上	40%以上	——	——	——	——	——
		ら旋巻管PE(300%以上)	——		——	——	——	——	——	——	——	——
		組立管PVC(40%以上)	——		——	——	——	——	——	40%以上	——	——
		組立管PE(300%以上)	——		——	——	——	300%以上	300%以上	——	300%以上	600%以上
	シャルピー衝撃強さ	ら旋巻管PVC(10kJ/㎡以上)	10kJ/㎡以上		10kJ/㎡以上	10kJ/㎡以上	10kJ/㎡以上	——	——	——	——	——
		組立管PVC(10kJ/㎡以上)	——		——	——	——	——	——	10kJ/㎡以上	——	——
材料特性 接合部シール材	長手方向引張強さ		8.8MPa以上		1.0MPa以上	7.8MPa以上	0.6MPa以上	3MPa以上	1MPa以上	1MPa以上	1MPa以上	——
	引張破断伸び		300%以上		170%以上	420%以上	100%以上	700%以上	200%以上	300%以上	200%以上	——
	ショア硬さ		A56±5		E33±5	A45±5	A15以上	A25±10	A25±10	E44±10	E20以上	——
材料特性 その他材料	引張降伏強さ		スチール補強材 205MPa SD295(鉄筋コンクリート用棒鋼)295MPa SD345(鉄筋コンクリート用棒鋼)345MPa		スチール補強材 205MPa以上	SS400:245MPa SM490A:315MPa SGHC:205MPa SD295A:295MPa SD345:345MPa	鋼線 440MPa	補強リング 345N/㎟	剛性リング 245MPa	SWM-C 440N/㎟ SD295 295N/㎟	245MPa	KBM:1,400N/㎟ フィブラロッド:1,150N/㎟ トレカラミネート:2,400N/㎟
	ヤング係数		スチール補強材 165GPa SD295(鉄筋コンクリート用棒鋼)190GPa SD345(鉄筋コンクリート用棒鋼)190GPa		スチール補強材 165GPa以上	SS400:190GPa SM490A:190GPa SGHC:190GPa SD295A:190GPa SD345:190GPa	鋼線 200GPa	補強リング 200kN/㎟	剛性リング 200GPa	SWM-C 200,000N/㎟ SD295 160,000N/㎟	190GPa	KBM:100,000N/㎟ フィブラロッド:167,000N/㎟ トレカラミネート:65,000N/㎟
物理特性 表面部材	ビカット軟化温度	PVC(申告値・75℃以上)	75℃以上		75℃以上	75℃以上	75℃以上	——	——	75℃以上	——	——
		PE(申告値・100℃以上)	——		——	——	——	100℃以上	100℃以上	——	100℃以上	100℃以上
備考											継手部の追従性（軸方向と屈曲による継手部の目開き量が30mm以下の場合、0.05MPaの内水圧に対応できる）	

※一線は、対象外項目
※15:粗度係数については、自社試験による申告値
※16:更生管の構造計算に必要ない場合は不要

III. 技術概要

各工法の技術概要を紹介します。なお、内容については（公財）日本下水道新技術機構における建設技術審査証明事業（下水道技術）の技術概要書を基に作成しています。

オメガライナー工法 ………………………… 14

EX工法〈自立管〉 …………………………… 17

ポリエチレン・コンパクトパイプ工法 …………… 20

シームレスシステム工法 Sタイプ ……………… 23

シームレスシステム工法 SⅡタイプ …………… 26

アルファライナー工法 ………………………… 29

アルファライナーH工法 ……………………… 32

ブイレイズ工法 ………………………………… 35

J－TEX工法 ………………………………… 38

SDライナーⅡ工法〈G+VE〉 ………………… 41

FFT-S工法 …………………………………… 44

FFT-S工法 Hタイプ ………………………… 47

インシチュフォーム工法〈高強度ガラスライナー〉 … 50

スルーリング工法〈高強度タイプ〉 …………… 53

オールライナーZ工法 ………………………… 56

オールライナーHM工法 ……………………… 59

パルテムSZ工法 ……………………………… 62

K-2工法 ……………………………………… 65

SGICP-G工法 ………………………………… 68

SDライナー工法〈F+VE〉 …………………… 71

インシチュフォーム工法〈スタンダードライナー〉 … 74

C-ONE工法 Sタイプ ………………………… 77

C-ONE工法 Gタイプ ………………………… 80

スルーリング工法〈スタンダードタイプ〉 ………… 83

エポフィット工法 EGタイプ …………………… 86

Two-Way ライニング工法〈TWS〉 …………… 89

Two-Way ライニング工法〈TWG Ⅰ〉 ………… 92

SPR-SE工法 ………………………………… 95

SPR工法 ……………………………………… 98

SPR-NX工法 ………………………………… 101

ダンビー工法 ………………………………… 104

SWライナー工法 …………………………… 107

ストリング工法 ……………………………… 110

パルテム・フローリング工法 ………………… 113

3Sセグメント工法 …………………………… 116

クリアフロー工法 …………………………… 119

PFL工法 …………………………………… 122

オメガライナー工法

◇技術の概要

　　オメガライナー工法は，断面を Ω（オメガ）型形状に折りたたみ，ドラムに巻いた硬質塩化ビニル管をマンホールより既設管内に引き込み，蒸気加熱により円形に復元し，圧縮空気で既設管に密着させて，下水道本管および取付管をライニングする更生工法である。

　　本工法は本管呼び径 150 ～ 400 に適用でき，高強度かつ形状記憶性能を持つため自立強度を有し，スピーディーな施工が可能である。

　　また取付管については本管と同様の硬質塩化ビニル管を既設取付管内に引き込み密着させライニングするとともに，本管との接合部の水密性を確保する工法である。

写真－1　オメガライナー工法

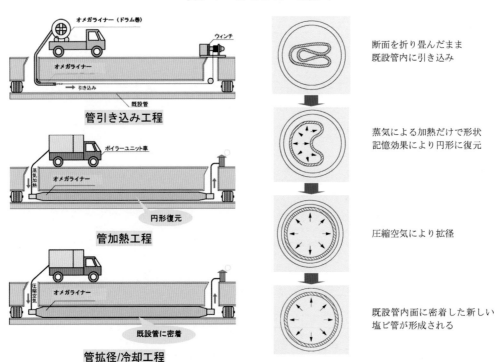

図－1　オメガライナー工法（本管更生）の施工フロー

◇技術の特長

技術の特長を以下に示す。

（1）施工性：次の各条件下で本管および取付管の施工ができる。

  1）本管部

   ①120m（呼び径150～250），100m（呼び径300），70m（呼び径350～380），

    60m（呼び径400）以下の施工延長

   ②10°以下の屈曲角　③25 mm 以下の段差　④水圧 0.05 MPa 以下，流量2L/min 以下の浸入水

   ⑤50 mm 以下の部分滞留水　⑥50 mm 以下の隙間

  2）取付管部

   ①5 m以下の施工延長　②15 mm 以下の段差　③10 mm 以下の本管と取付管接合部の隙間

   ④90°の屈曲角が2カ所以下　⑤水圧 0.05 MPa，流量1L/min 以下の浸入水

  3）本管と取付管の接合部

   ①10 mm 以下の本管と取付管の接合部の隙間　②水圧 0.05 MPa，流量1L/min 以下の浸入水

（2）耐荷性能

  1）偏平強さ：「下水道用硬質塩化ビニル管（JSWAS K-1）」と同等以上の偏平強さおよび「下水道熱形
   成工法用硬質塩化ビニル更生管（JSWAS K-19）」に規定の偏平強さを有する。

  2）曲げ強さ：①短期試験値 50 MPa 以上　②長期試験値 12 MPa 以上

  3）曲げ弾性率：①短期試験値 1760 MPa 以上　②長期試験値 1270 MPa 以上

（3）耐久性能

  1）耐薬品性：更生管の耐薬品性は，「下水道用硬質塩化ビニル管（JSWAS K-1）」と同等以上および「下
    水道熱形成工法用硬質塩化ビニル更生管（JSWAS K-19）」に規定の耐薬品性を有する。

  2）耐摩耗性：更生管の耐摩耗性は，「下水道用硬質塩化ビニル管（JSWAS K-1）」と同等程度の耐摩
   耗性を有する。

  3）水密性：更生後の下水道管きょは，次の条件に耐える水密性を有する。

   ①本管部：0.1 MPa 以上の内水圧および外水圧

   ②本管と取付管の接合部：0.05 MPa 以上の内水圧および外水圧

  4）耐劣化性：更生管は 50 年後の曲げ強さの推計値が 12 MPa を上回る。

（4）耐震性能（短期）

  1）曲げ強さ 50 MPa 以上　2）引張強さ 30 MPa 以上　3）引張弾性率 1760 MPa 以上

  4）引張伸び率 70 %以上　5）圧縮強さ 40 MPa 以上　6）圧縮弾性率 1600 MPa 以上

（5）水理性能

  1）成形後収縮性：更生管は成形後，6時間以内に収縮がなく安定する。

（6）材料特性

  1）シャルピー衝撃強さ：更生管のシャルピー衝撃強さは，6kJ/m² 以上かつ材料に割れがない。

（7）物理的特性

  1）ビカット軟化温度：更生管のビカット軟化温度は，60 ℃以上である。

（8）形状記憶性：更生管の形状記憶性能は，加熱だけ（95 ℃の温水中）で 20 分以内に概略円形に復元する。

（9）既設管への追従性：更生管は，地盤変位等にともなう既設管への追従性を有する。

（10）耐衝撃性：更生管は，耐衝撃性を有する。

（11）耐高圧洗浄性：更生管および施工後の接合部は，15 MPa の高圧洗浄で剥離や破損がない。

（12）狭小地での施工性：幅員 2.0mの道路においても施工できる。

◇技術の区分名称

基準達成型'20－管きょ更生工法（密着管，自立管構造）および開発目標型

◇技術の適用範囲

管　　　種：鉄筋コンクリート管，陶管，鋼管

管　　　径：本管　呼び径 150 〜 400，取付管　呼び径 150 〜 200

施工延長：本管　120m（呼び径 150 〜 250），100m（呼び径 300）

　　　　　　　70m（呼び径 350 〜 380），60m（呼び径 400）

　　　　取付管　5m

◇施工実績（抜粋）

年　　度	本管 取付管	都道府県	施工場所	既設管径 (mm)	既設管種	管きょ延長	
						総延長（m）	最大スパン長（m）
平成 12〜28 年度	本管	新潟県	佐渡市	400	鉄筋コンクリート管	67.6	67.6
			その他			計　325,630m	
	取付管	川越市，西宮市，鳥取市，東京都内　他				計　3,168 箇所	
平成 29 年度	本管	兵庫県	神戸市	200〜250	鉄筋コンクリート管	1,620.3	－
			その他			計　50,879m	
	取付管	新潟市，三重県　他				計　80 箇所	
平成 30 年度	本管	富山県	富山市	250	鉄筋コンクリート管	1,610.7	－
			その他			計　47,991m	
	取付管	札幌市，秋田市，東京都，北九州市　他				計　249 箇所	
令和 1 年度	本管	東京都	北区	230〜400	陶管	2,725.7	－
			その他			計　59,142m	
	取付管	札幌市，福岡市，北九州市　他				計　612 箇所	
平成 12 年〜令和 2 年 3 月末までの施工実績合計					本管：483,642m　取付管：4,109 箇所		

◇技術保有会社および連絡先

【技術保有会社】東京都下水道サービス株式会社　　　https://www.tgs-sw.co.jp/

　　　　　　　　積水化学工業株式会社　　　　　　　https://www.sekisui.co.jp/

　　　　　　　　足立建設工業株式会社　　　　　　　http://www.adachi-tokyo.co.jp/

【問 合 せ 先】日本ＳＰＲ工法協会　　　　　　　　事務局　TEL 03-5209-0130

　　　　　　　　　　　　　　　　　　　　　　　　　https://www.spr.gr.jp/

◇審査証明有効年月日

2021 年 3 月 18 日〜 2026 年 3 月 31 日

ＥＸ工法〈自立管〉

◇技術の概要

　　ＥＸ工法は，本管の更生および取付管の修繕を行う技術であり，以下の方法により施工を行う。

　　下水道管材として長年実績のある硬質塩化ビニル樹脂製のパイプを，蒸気と熱風により加熱・軟化させ，蒸気を通した状態でマンホールより既設管内に連続的に引き込む。引き込み後，パイプ内の蒸気圧を上げ，さらに加熱・軟化させたのち，徐々に加圧することでパイプを拡径させ既設管内面に密着させる。密着させた状態で保圧したまま，所定温度まで冷却することで固化させ，既設管内面に密着した更生管を形成する。本管と取付管接合部は，ＦＲＰ材等を用いて止水処理し一体化することが可能である。

ドラムタイプ

ドラムレスタイプ

手巻きタイプ

写真－1　ＥＸパイプの巻取り状況

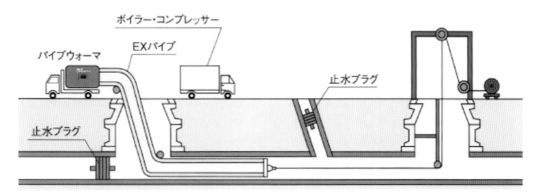

図－1　材料の引込みイメージ

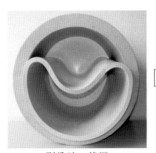
引込時の状況

円形に復元した状況

拡径・冷却完了、更生管の形成完了

写真－2　更生管の形成イメージ

◇技術の特長

技術の特長を以下に示す。**写真ー3**に供試体作製状況を，**写真ー4**に既設管への追従性試験状況を示す。

（1）施工性：本管および取付管について，次の各条件下で施工できる。

本管　①屈曲角 10°以下の継手部　②段差と横ずれ 25 mm 以下の継手部

③隙間 50 mm 以下の継手部　④50mm 以下の部分的滞留水

⑤管頂部からの 0.05MPa，0.5L/min 以下の浸入水

⑥管頂部からの 0.05MPa，0.5L/min 超の浸入水を 0.5 L/min 以下に止水処理後

取付管　①施工延長 14 m以下（呼び径 100〜200）　②屈曲角 45°以下の継手部が 2 カ所以内

③段差部と横ずれ 20 mm 以下の継手部

④管頂部からの 0.05MPa，0.5L/min 超の浸入水を 0.5 L/min 以下に止水処理後

（2）耐荷性能：更生管の耐荷性能は，次の試験値である。

1）偏平強さ：「下水道用硬質塩化ビニル管（JSWAS K-1）」および「下水道熱形成工法用硬質塩化ビニル更生管（JSWAS K-19）」に定める偏平強さと同等以上の偏平強さ

2）曲げ強さ：短期試験値（最大荷重時の曲げ応力度）64MPa 以上　長期試験値 15.4MPa 以上

3）曲げ弾性率：短期試験値 2,000MPa 以上　長期試験値 1,250MPa 以上

（3）耐久性能

1）耐薬品性：更生管は，「下水道用硬質塩化ビニル管（JSWAS K-1）」および「下水道熱形成工法用硬質塩化ビニル更生管（JSWAS K-19）」と同等以上の耐薬品性を有する。

2）耐摩耗性：更生管の耐摩耗性は，下水道用硬質塩化ビニル管（新管）と同等程度の耐摩耗性を有する。

3）水密性：更生後の本管部および取付管との接合部は，内外水圧 0.1 MPa の水密性を有する。

4）耐劣化性：更生管の 50 年後の曲げ強さの推計値が 15.4 MPa を上回る。

（4）耐震性能：更生管の耐震性能は，次の試験値である。

①曲げ強さの短期試験値：64 MPa 以上

②引張強さの短期試験値：42 MPa 以上　③引張弾性率の短期試験値：2,000 MPa 以上

④引張伸び率の短期試験値：70 % 以上　⑤圧縮強さの短期試験値：51 MPa 以上

⑥圧縮弾性率の短期試験値：1,500 MPa 以上

（5）水理性能　成形後収縮性：更生管は成形後，3時間以内に収縮がおさまり安定する。

（6）材料特性：更生管の材料特性は，次の試験値である。

①シャルピー衝撃強さ以外の材料特性：耐荷性能の一部と耐震性能の項目に適合する。

②シャルピー衝撃強さ：更生管のシャルピー衝撃強さは，6kJ/m² かつ材料に割れがない。

（7）物理特性：更生管のビカット軟化温度は，76 ℃ 以上である。

写真ー3　供試体作製状況

写真ー4　既設管への追従性試験状況（屈曲）

（8）耐高圧洗浄性：更生後の本管部および取付管との接合部は，15 MPa の高圧洗浄に対して剥離・破損がない。

（9）既設管への追従性（対象は，本管とする）：更生管は地盤変動に伴う既設管変位への追従性を有する。

（10）硬質塩化ビニル管への施工性：限られた模擬管きょ条件における硬質塩化ビニル管（新管の直管）に施工ができる。

◇技術の適用範囲

管　　種	鉄筋コンクリート管、陶管、鋳鉄管、鋼管、硬質塩化ビニル管	
用　　途	本管	取付管
呼び径	150〜400	150〜200
施工延長	40m（呼び径 150）　65m（呼び径 200） 100m（呼び径 250）　85m（呼び径 300） 65m（呼び径 350）　50m（呼び径 400）	14m

◇施工実績（抜粋）

施主	呼び径(mm)	延長(m)	施工年月	工事名
【本管】自立管				
産業技術 総合研究所	150	37	H20.8 〜 H21.1	改修工事
鹿児島市	200	64.9	R2.1 〜 R2.3	汚水管路改修工事
鹿児島市	250	76.5	H17.7 〜 H17.11	汚水管路改修工事
鹿児島市	300	76.1	H31.12 〜 H32.2	汚水管路改良工事（その 12）
別府市	400	44.9	R2.2 〜 R2.4	光町 10 番外汚水管きょ更生工事
【取付管】				
東京都下水道局	200	14.7	H14.1 〜 H14.2	再構築工事

◇技術保有会社および連絡先

【技術保有会社】株式会社大阪防水建設社　　　https://www.obcc.co.jp/

　　　　　　　　株式会社クボタケミックス　　https://www.kubota-chemix.co.jp/

【問 合 せ 先】ＥＸ・ダンビー協会　　　TEL 03-6806-7133　　https://www.ex-danby.jp/

◇審査証明有効年月日

2021 年 3 月 18 日〜 2026 年 3 月 31 日

ポリエチレン・コンパクトパイプ工法

◇技術の概要

　ポリエチレン・コンパクトパイプ工法は，ドラムに巻いた C 型形状の高密度ポリエチレン性のパイプをマンホールより既設管内に引き込み，蒸気加熱と圧縮空気により円形に復元し既設管に密着させ，老朽した既設管を更生する下水道管きょの更生工法である。

　呼び径 200〜350 までの施工を基本とし，自立管強度を有し，かつポリエチレン特有の耐震性に優れた管更生工法である。

図－1　ポリエチレン・コンパクトパイプ工法

写真－1　屈曲部確認状況

◇技術の特長

技術の特長を以下に示す。

（1）施工性：次の条件下で施工できる。

　　　①10°以下の屈曲角　②25 mm 以下の段差

　　　③水圧 0.05 MPa，流量 2 L/min 以下の浸入水　④50 mm 以下の隙間

（2）耐荷性能

　　1）偏平強さ

　　　　更生管は「下水道用硬質塩化ビニル管（JSWAS K-1）」と同等以上の偏平強さを有する。

　　2）曲げ強さ

　　　　更生管の曲げ強さは，次の試験値である。

　　　①曲げ強さの短期試験値　20 N/mm² 以上

　　　②曲げ強さの長期試験値　4 N/mm² 以上

　　3）曲げ弾性率

　　　　更生管の曲げ弾性率は，次の試験値である。

　　　①曲げ弾性率の短期試験値 820 N/mm² 以上

　　　②曲げ弾性率の長期試験値 370 N/mm² 以上

（3）耐久性能

　　1）耐薬品性

　　　　更生管は，「下水道用硬質塩化ビニル管（JSWAS K-1）」と同等以上の耐薬品性を有する。

　　2）耐摩耗性

　　　　更生管は，「下水道用硬質塩化ビニル管（JSWAS K-1）」と同等程度の耐摩耗性を有する。

　　3）水密性

　　　　更生管は，次の条件に耐える水密性を有する。

　　　　0.1 MPa 以上の内水圧および外水圧

　　4）耐劣化性

　　　　更生管の 50 年後の曲げ強さの推計値が設計値を上回る。

（4）耐震性能

　　　　更生管の耐震性能は，次の試験値である。

　　　①曲 げ 強 さ の 短 期 試 験 値　20 N/mm² 以上

　　　②引 張 強 さ の 短 期 試 験 値　15 N/mm² 以上

　　　③引張弾性率の短期試験値 695 N/mm² 以上

　　　④引張伸び率の短期試験値 350 % 以上

　　　⑤圧 縮 強 さ の 短 期 試 験 値　19 N/mm² 以上

　　　⑥圧縮弾性率の短期試験値 459 N/mm² 以上

（5）水理性能

　　　　更生管は，成形後 3 時間以内に収縮が無く安定する。

（6）材料特性

　　　　更生管の材料特性は，次の試験値である。

　　1）密度 930 kg/m³ 以上

　　2）熱安定性 20 min 以上

　　3）メルトマスフローレイト 0.2 g/ 10 min ≦ MFR ≦ 1.4 g/ 10 min

（7）物理的特性

　　　　更生管の物理的特性は，次の試験値である。

　　　　加熱伸縮率 3 % 以下

（8）耐高圧洗浄性

　　　　更生管は施工後 15 MPa の高圧洗浄で剥離，破損がない。

（9）既設管への追従性

　　　　更生管は，地盤の永久歪み 1.5 % による軸方向変位および液状化による地盤沈下を想定した際の屈曲
　　　　1.0°が同時に生じた場合でも，内水圧 0.1 MPa の水密性を有する。

（10）環境安全性能

　　　　施工時に，一般に要求される振動・騒音・大気汚染・臭気・粉塵等に対する安全性能を有する。

◇技術の適用範囲

管　　　種：鉄筋コンクリート管，陶管，鋼管，鋳鉄管

管　　　径：本管　呼び径 200～350

施工延長：本管　100 m（呼び径 200～250），50 m（呼び径 300～350）

◇施工実績（抜粋）

施工年月	施工場所	用途	既設管径	数量
平成 26 年 7 月	福岡県	公共下水道	φ200	263.35m
平成 27 年 11 月	奈良県	公共下水道	φ250	100.00m
平成 29 年 3 月	愛知県	公共下水道	φ250	1788.65m
平成 29 年 11 月	奈良県	公共下水道	φ250	96.25m

◇技術保有会社および連絡先

【技術保有会社】株式会社トラストテクノ　　　　　　　https://www.kobe-fss.jp/

　　　　　　　　株式会社オクムラ道路　　　　　　　　http://okumuradouro.co.jp/

　　　　　　　　新ケミカル商事株式会社　　　　　　　https://www.nctcl.co.jp/

　　　　　　　　泉都興業株式会社　　　　　　　　　　https://www.sento-sakai.co.jp/

　　　　　　　　大幸道路管理株式会社　　　　　　　　http://daikou-douro.co.jp/

【問　合　せ　先】株式会社トラストテクノ

　　　　　　　　ポリエチレンライニング工法協会　　　TEL 078-595-9492

◇審査証明有効年月日

2019 年 3 月 15 日～ 2024 年 3 月 31 日

シームレスシステム工法 Sタイプ

◇技術の概要

　シームレスシステム工法は，光硬化方式により本管を更生する技術である。耐酸性ガラス繊維などに光硬化性樹脂を含浸させたライナーを既設管内に引き込み，空気圧で拡径し，既設管内壁に押圧したまま光照射することで，樹脂を硬化させ更生管を形成する。本工法は，更生材に耐酸性ガラス繊維を用いることで高い耐久性を有している。また，本工法で使用するライナーは，1mmごとに厚さを選定することが可能で，現場条件に適したライナーを作製でき，常温保管が可能なことから施工性の向上にも寄与している。

　なお，使用する樹脂によって二つの技術に分けており，施工条件に制約がある場合などには，硬化時間の短い「シームレスシステム工法 SⅡタイプ」がある。

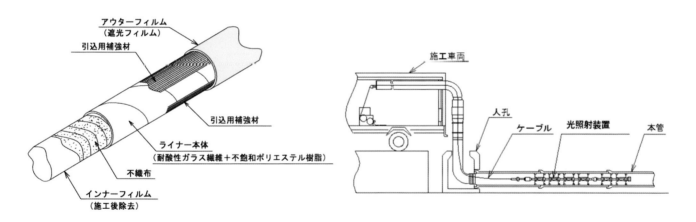

図－1　更生材の構造　　　　　　　　　　図－2　硬化工概略

◇技術の特長

技術の特長を以下に示す。

（1）施工性：次の各条件下で施工できる。

　　①屈曲角：10°以下の継手部　　②段　差：20mm以下の継手部

　　③隙　間：50mm以下の継手部　　④水　圧：0.05MPa，流量2L/min以下の浸入水

（2）耐荷性能：更生管の耐荷性能は，次の試験値である。

　1）偏平強さ：「下水道用硬質塩化ビニル管（JSWAS K-1）」と同等以上の偏平強さ

　2）曲げ強さ

　　①短期試験値（第一破壊時の曲げ応力度）（平板）　　：25MPa以上

　　②短期試験値（第一破壊時の曲げ応力度）（更生管）：25MPa以上

③短期試験値（第一破壊時の曲げひずみ）（平板）　：0.75 ％以上

④短期試験値（第一破壊時の曲げひずみ）（更生管）：0.75 ％以上

⑤長期試験値　　　　　　　　　　　　　　　　　　：60 MPa 以上

　3）曲げ弾性率

　　①短期試験値（平板）：7,355 MPa 以上　　②短期試験値（更生管）：5,000 MPa 以上

　　③長期試験値　　　：4,090 MPa 以上

（3）耐久性能

　1）耐薬品性

　　①更生管は，「下水道用強化プラスチック複合管（JSWAS K-2）」と同等以上の耐薬品性を有すること。

　　②更生管は，「浸漬後曲げ試験」の耐薬品性を有する。

　2）耐摩耗性

　　更生管は，「下水道用硬質塩化ビニル管（JSWAS K-1）」と同等程度の耐摩耗性を有すること。

　3）耐ストレインコロージョン性

　　更生管は，50 年後の最小外挿破壊ひずみ≧0.45 ％かつ「下水道用強化プラスチック複合管（ＪＳ
ＷＡＳ Ｋ-2）」で求められる値を下回らない。

　4）水密性

　　更生管は，直管部で 0.1 MPa の外水圧および内水圧に耐える水密性を有する。

（4）耐震性能：更生管の耐震性能は，次の試験値である。

　1）曲げ強さ

　　①最大荷重時の曲げ応力度の短期試験値（平板）　：167 MPa 以上

　　②最大荷重時の曲げ応力度の短期試験値（更生管）：80 MPa 以上

　2）引張強さ

　　①短期試験値（平板）：90 MPa 以上　　②短期試験値（更生管）：45 MPa 以上

　3）引張弾性率

　　①短期試験値（平板）：7,355 MPa 以上　　②短期試験値（更生管）：5,200 MPa 以上

　4）引張伸び率

　　①短期試験値（平板）：0.5 ％以上　　②短期試験値（更生管）：0.5 ％以上

　5）圧縮強さ

　　①短期試験値（平板）：100 MPa 以上　　②短期試験値（更生管）：50 MPa 以上

　6）圧縮弾性率

　　①短期試験値（平板）：7,200 MPa 以上　　②短期試験値（更生管）：4,500 MPa 以上

（5）水理性能

　1）成形後収縮性：更生管は，成形後2時間以内に収縮が収まり安定する。

（6）材料特性：更生管に使用する樹脂の材料特性は，次の試験値である。

　　①曲げ強さの短期試験値：100 MPa 以上

　　②破断時の引張伸び率：2％以上

　　③負荷時のたわみ温度：85 ℃以上

（7）硬質塩化ビニル管への施工性：限られた模擬管きょ条件において硬質塩化ビニル管への施工ができる。

（8）既設管への追従性：更生管は，地盤変位にともなう既設管への追従性を有する。

（9）耐高圧洗浄性：更生管は，15 MPa の高圧洗浄で，剥離や破損がない。

◇ 技術の区分名称

基準達成型'18 および開発目標型

管きょ更生工法（現場硬化管，自立管構造）ガラス繊維有り

◇ 技術の適用範囲

管　　　種：鉄筋コンクリート管，陶管，鋼管，鋳鉄管，硬質塩化ビニル管

管　　　径：呼び径 200 〜 800（鉄筋コンクリート管，陶管，鋼管，鋳鉄管）

　　　　　　呼び径 200 〜 600（下水道用硬質塩化ビニル管）

施工延長：100 m

注記１：「管きょ更生工法における設計・施工管理ガイドライン - 2017 年版 - 」に定める評価項目について確認した管径は，既設管呼び径 200 〜 600 までとする。なお，耐震設計における適用管径は，既設管呼び径 600 までとする。

注記２：「管きょ更生工法における設計・施工管理ガイドライン - 2017年版 - 」が対象とする既設管種は，鉄筋コンクリート管，陶管等の剛性管である。

◇ 施工実績（抜粋）

施工年月	施工場所	呼び径	施工延長(m)
令和3年9月	東京都下水道局	400	41.80
	兵庫県神戸市	250	27.85
	北海道札幌市	600	63.00
令和3年10月	兵庫県神戸市	250	24.40
	福岡県北九州市	400	57.10
	北海道札幌市	300	42.00
令和3年11月	北海道札幌市	250	49.70
	東京都下水道局	300	45.25
	兵庫県神戸市	250	35.75

◇ 技術保有会社および連絡先

【技術保有会社】東亜グラウト工業株式会社　　　　　　https://www.toa-g.co.jp/

　　　　　　　　大林道路株式会社　　　　　　　　　　https://www.obayashi-road.co.jp/

　　　　　　　　エスジーシー下水道センター株式会社　http://www.wink-sgc.co.jp/

【問 合 せ 先】東亜グラウト工業株式会社　　　　　　TEL 03-3355-3100

　　　　　　　　光硬化工法協会　　　　　　　　　　　TEL 03-5367-5173

◇ 審査証明有効年月日

2022 年 3 月 16 日〜 2027 年 3 月 31 日

シームレスシステム工法 SIIタイプ

◇技術の概要

　シームレスシステム工法は，光硬化方式により本管を更生する技術である。耐酸性ガラス繊維などに光硬化性樹脂を含浸させたライナーを既設管内に引き込み，空気圧で拡径し，既設管内壁に押圧したまま光照射することで，樹脂を硬化させ更生管を形成する。本工法は，更生材に耐酸性ガラス繊維を用いることで高い耐久性を有している。また，本工法で使用するライナーは，１mmごとに厚さを選定することが可能で，現場条件に適したライナーを作製でき，常温保管が可能なことから施工性の向上にも寄与している。

　さらに，施工条件に制約がある場合などには，シームレスシステム工法 Sタイプよりも硬化時間の速い樹脂を使用している本工法（シームレスシステム工法 SIIタイプ）を用いることにより，施工時間の短縮を図ることができる。

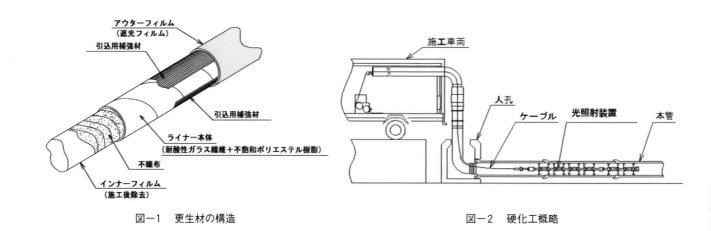

　　　　　図－1　更生材の構造　　　　　　　　　　　図－2　硬化工概略

◇技術の特長

技術の特長を以下に示す。

（1）施工性：次の各条件下で施工できる。

　　　①屈曲角：10°以下の継手部　　　　②段　差：20 mm 以下の継手部

　　　③隙　間：50 mm 以下の継手部　　　④水　圧：0.05 MPa，流量 2 L/min 以下の浸入水

（2）耐荷性能：更生管の耐荷性能は，次の試験値である。

　　1）偏平強さ：「下水道用硬質塩化ビニル管（JSWAS K-1）」と同等以上の偏平強さ

　　2）曲げ強さ

　　①短期試験値（第一破壊時の曲げ応力度）（平板）　　：25 MPa 以上

　　②短期試験値（第一破壊時の曲げ応力度）（更生管）：25 MPa 以上

③短期試験値（第一破壊時の曲げひずみ）（平板）　：0.75 ％以上

④短期試験値（第一破壊時の曲げひずみ）（更生管）：0.75 ％以上

⑤長期試験値　　　　　　　　　　　　　　　　　　：40 MPa 以上

　3）曲げ弾性率

　①短期試験値（平板）：7,355 MPa 以上　　②短期試験値（更生管）：5,000 MPa 以上

　③長期試験値　　　　：4,090 MPa 以上

（3）耐久性能

　1）耐薬品性

　①更生管は，「下水道用強化プラスチック複合管（JSWAS K-2）」と同等以上の耐薬品性を有すること。

　②更生管は，「浸漬後曲げ試験」の耐薬品性を有する。

　2）耐摩耗性

　　更生管は，「下水道用硬質塩化ビニル管（JSWAS K-1）」と同等程度の耐摩耗性を有する。

　3）耐ストレインコロージョン性

　　更生管は，50 年後の最小外挿破壊ひずみ≧0.45 ％かつ「下水道用強化プラスチック複合管（ＪＳWAS　K-2）」で求められる値を下回らない。

　4）水密性：更生管は，直管部で 0.1 MPa の外水圧および内水圧に耐える水密性を有する。

（4）耐震性能：更生管の耐震性能は，次の試験値である。

　1）曲げ強さ

　①最大荷重時の曲げ応力度の短期試験値（平板）　：167 MPa 以上

　②最大荷重時の曲げ応力度の短期試験値（更生管）： 80 MPa 以上

　2）引張強さ

　①短期試験値（平板）：90 MPa 以上　　②短期試験値（更生管）：45 MPa 以上

　3）引張弾性率

　①短期試験値（平板）：7,355 MPa 以上　　②短期試験値（更生管）：5,200 MPa 以上

　4）引張伸び率

　①短期試験値（平板）：0.5 ％以上　　②短期試験値（更生管）：0.5 ％以上

　5）圧縮強さ

　①短期試験値（平板）：100 MPa 以上　　②短期試験値（更生管）：50 MPa 以上

　6）圧縮弾性率

　①短期試験値（平板）：7,200 MPa 以上　　②短期試験値（更生管）：4,500 MPa 以上

（5）水理性能

　1）成形後収縮性：更生管は，成形後2時間以内に収縮が収まり安定する。

（6）材料特性：更生管に使用する樹脂の材料特性は，次の試験値である。

　①曲げ強さの短期試験値：100 MPa 以上

　②破断時の引張伸び率：2 ％以上

　③負荷時のたわみ温度：85 ℃以上

（7）硬質塩化ビニル管への施工性：限られた模擬管きょ条件において硬質塩化ビニル管への施工ができる。

（8）既設管への追従性：更生管は，地盤変位にともなう既設管への追従性を有する。

（9）耐高圧洗浄性：更生管は，15 MPa の高圧洗浄で，剥離や破損がない。

(10) 硬化性：シームレスライナーSⅡは，シームレスライナーSよりも短時間で硬化できる。

◇技術の区分名称

基準達成型'18 および開発目標型
管きょ更生工法（現場硬化管，自立管構造）ガラス繊維有り

◇技術の適用範囲

管　　　種：鉄筋コンクリート管，陶管，鋼管，鋳鉄管，硬質塩化ビニル管

管　　　径：呼び径 200 ～ 800（鉄筋コンクリート管，陶管，鋼管，鋳鉄管）
　　　　　　　呼び径 200 ～ 600（下水道用硬質塩化ビニル管）

施工延長：100 m

注記 1 ：「管きょ更生工法における設計・施工管理ガイドライン - 2017 年版 - 」に定める評価項目について確認した管径は，既設管呼び径 200 ～ 600 までとする。なお，耐震設計における適用管径は，既設管呼び径 600 までとする。

注記 2 ：「管きょ更生工法における設計・施工管理ガイドライン - 2017 年版 - 」が対象とする既設管種は，鉄筋コンクリート管，陶管等の剛性管である。

◇施工実績 （抜粋）

施工年月	施工場所	呼び径	施工延長(m)
平成31年4月	京都府京都市	380	46.07
令和元年6月	北海道札幌市	450	46.40
令和元年9月	大阪府大阪市	450	34.80
	北海道札幌市	500	64.30
	福岡県北九州市	500	47.75
令和元年12月	富山県南砺市	450	20.84
令和2年1月	大阪府東大阪市	500	50.85
	北海道北見市	450	54.10
令和2年2月	大阪府大阪市	450	41.24
令和2年3月	大阪府大阪市	450	30.50
令和2年12月	大阪府大阪市	450	32.79
令和4年1月	宮崎県都城市	600	17.17

◇技術保有会社および連絡先

【技術保有会社】東亜グラウト工業株式会社　　　　　　https://www.toa-g.co.jp/
　　　　　　　　大林道路株式会社　　　　　　　　　　https://www.obayashi-road.co.jp/
　　　　　　　　エスジーシー下水道センター株式会社　http://www.wink-sgc.co.jp/
【問 合 せ 先】東亜グラウト工業株式会社　　　　　　TEL 03-3355-3100
　　　　　　　　光硬化工法協会　　　　　　　　　　　TEL 03-5367-5173

◇審査証明有効年月日

2022 年 3 月 16 日～ 2027 年 3 月 31 日

アルファライナー工法

◇技術の概要

　アルファライナー工法は，光硬化の技術を応用した形成工法に分類される本管更生用の管更生工法で，強固な耐酸性ガラス繊維を採用することで，従来の光硬化工法より高強度で施工時間が短縮できるという特長を有している。施工においては，人孔から既設管内に更生材を引き込み，専用冶具を上下流端部に取り付けて空気圧によって拡径して既設管内面に密着させ，挿入した光照射装置によって樹脂を硬化させて所定の強度と耐久性を確保した更生管を形成する。

　アルファライナー工法は，更生管の厚みを約1mmごとに製造することができ，現場条件に合わせた無駄のない更生材を選択することが可能である。

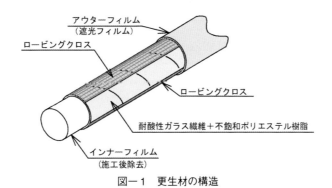

図ー1　更生材の構造

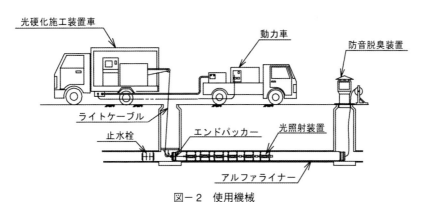

図ー2　使用機械

◇技術の特長

技術の特長を以下に示す。

（1）施工性：次の各条件下で施工できる。

　　①屈曲角：10°以下の継手部（呼び径350未満），5°以下の継手部（呼び径350以上）

　　②段　差：呼び径の5％以下の継手部（最大40mm）

　　③隙　間：50mm以下の継手部

　　④水圧0.025〜0.060MPa※，流量2L/min以下の浸入水　※各呼び径の拡径圧により異なる

（2）耐荷性能：更生管の耐荷性能は，次の試験値である。

　　1）偏平強さまたは外圧強さ

　　　①呼び径 600 以下：「下水道用硬質塩化ビニル管（JSWAS K-1）」と同等以上の偏平強さ

　　　②呼び径 700 以上：「下水道用強化プラスチック複合管（JSWAS K-2）」（2種）と同等以上の基準た
　　　　　　わみ外圧および破壊外圧

　　2）曲 げ 強 さ　①短期試験値（第一破壊時の曲げ応力度）（平　板）25 N/mm² 以上

　　　　　　　　　　②短期試験値（第一破壊時の曲げ応力度）（更生管）25 N/mm² 以上

　　　　　　　　　　③短期試験値（第一破壊時の曲げひずみ）（平　板）0.75 % 以上

　　　　　　　　　　④短期試験値（第一破壊時の曲げひずみ）（更生管）0.75 % 以上

　　　　　　　　　　⑤曲げ強さの長期試験値　　60 N/mm² 以上

　　3）曲げ弾性率　①短期試験値（平　板）11,400 N/mm² 以上

　　　　　　　　　　②短期試験値（更生管）　4,500 N/mm² 以上

　　　　　　　　　　③長期試験値 9,500 N/mm² 以上

（3）耐久性能

　　1）耐薬品性

　　　①更生管は，「下水道用強化プラスチック複合管（JSWAS K-2）」と同等以上の耐薬品性を有する。

　　　②更生管は，浸漬後曲げ試験において，次の試験値である。

　　　　ⅰ．基本試験（8液，23℃）：試験液浸漬 28 日後の曲げ強さ保持率および曲げ弾性率保持率 80 %
　　　　　　　以上

　　　　ⅱ．常温試験（2液，23℃）：試験液浸漬 1 年後の曲げ弾性率保持率 70 % 以上

　　　　ⅲ．促進試験（2液，60℃）：試験液浸漬 28 日後の曲げ弾性率保持率 70 % 以上

　　　　ⅳ．長期曲げ弾性率推定値：50 年後の長期曲げ弾性率推定値が設計値（換算値）7,220 N/mm²
　　　　　　　を下回らない。

　　2）耐摩耗性：更生管は，「下水道用硬質塩化ビニル管（JSWAS K-1）」と同等程度の耐摩耗性を有する。

　　3）耐ストレインコロージョン性：更生管は，50 年後の最小外挿破壊ひずみ ≧ 0.45 % かつ JSWAS K-2
　　　　　　で求められる値を下回らない。

　　4）水密性：更生管は，0.1 MPa の内水圧および外水圧に耐える水密性を有する。

（4）耐震性能：更生管の耐震性能の試験値は，次の値以上である。

項目	開発目標値		
1）曲げ強さ	①最大荷重時の曲げ応力度の短期試験値（平板）　　210 N/mm²		
	②最大荷重時の曲げ応力度の短期試験値（更生管）　　100 N/mm²		
2）引張強さ	①短期試験値（平板）　　90 N/mm²	②短期試験値（更生管）　　45 N/mm²	
3）引張弾性率	①短期試験値（平板）5,000 N/mm²	②短期試験値（更生管）3,000 N/mm²	
4）引張伸び率	①短期試験値（平板）　0.5 %	②短期試験値（更生管）　0.5 %	
5）圧縮強さ	①短期試験値（平板）　　50 N/mm²	②短期試験値（更生管）　　50 N/mm²	
6）圧縮弾性率	①短期試験値（平板）4,500 N/mm²	②短期試験値（更生管）4,500 N/mm²	

（5）水理性能

　　1）成形後収縮性：更生管は，成形後 2 時間以内に収縮が収まり安定する。

（6）材料特性：更生管に使用する樹脂の材料特性は，次の試験値である。

    ①曲げ強さの短期試験値：100 MPa 以上

    ②破壊時の引張伸び率：2% 以上

    ③負荷時のたわみ温度：85℃以上

（7）硬質塩化ビニル管への適用性：アルファライナー工法は，硬質塩化ビニル管への適用が可能である。

（8）既設管への追従性：更生管は，地盤変位に伴う既設管への追従性を有する。

（9）耐高圧洗浄性：更生管は，15 MPa の高圧洗浄で，剥離や破損がない。

◇基準達成型の区分

管きょ更生工法（現場硬化管，自立管構造）

◇技術の適用範囲

①管   種：鉄筋コンクリート管，陶管，鋼管，鋳鉄管，硬質塩化ビニル管

②管   径：呼び径 150〜1000（鉄筋コンクリート管，陶管，鋼管，鋳鉄管）

           呼び径 150〜 600（JSWAS K-1 下水道用硬質塩化ビニル管）

③施工延長：100 m

◇施工実績（抜粋）

施工年月	施工場所	呼び径（mm）	施工延長（m）
2022 年 4 月	福岡県福岡市	250	96.40
2022 年 5 月	新潟県新潟市	500	172.30
2022 年 6 月	東京都中央区	800	40.50
2022 年 7 月	神奈川県横浜市	250	97.30
2022 年 8 月	大阪府大阪市	300	78.50
2022 年 9 月	兵庫県神戸市	300	117.60
2022 年 10 月	北海道札幌市	350	35.80
2022 年 11 月	広島県広島市	450	31.41
2022 年 12 月	茨城県坂東市	1000	152.00
2023 年 1 月	愛知県名古屋市	380	68.80
2023 年 2 月	宮崎県宮崎市	600	43.44
2023 年 3 月	岡山県倉敷市	400	80.10

◇技術保有会社および連絡先

【技術保有会社】東亜グラウト工業株式会社　　https://www.toa-g.co.jp/

【問 合 せ 先】株式会社リグドロップ　　　　TEL 03-3355-1545

          光硬化工法協会　　　　　　TEL 03-5367-5173

◇審査証明有効年月日

2019 年 3 月 15 日〜 2024 年 3 月 31 日

アルファライナーH工法

◇技術の概要

　アルファライナーH工法は，光硬化の技術を用いた形成工法に分類される本管更生用の工法である。本工法は，優れた耐酸性ガラス繊維を採用することで，従来の光硬化工法より高強度で施工時間が短縮できるという特長を有している。施工においては，マンホールから既設管内に更生材を引き込み，専用冶具を上下流端部に取り付けて空気圧によって拡径して既設管内面に密着させ，挿入した光照射装置によって樹脂を硬化させて所定の強度と耐久性を確保した更生管を形成する。

　本工法は，従来のアルファライナー工法と同様に，更生管の厚みを約1mmごとに製造することができ，さらに，ガラス繊維単体の厚みは従来のガラス繊維と同等であり，ガラス繊維の密度を高めることにより，更生材の厚みを薄くすることが可能となった。

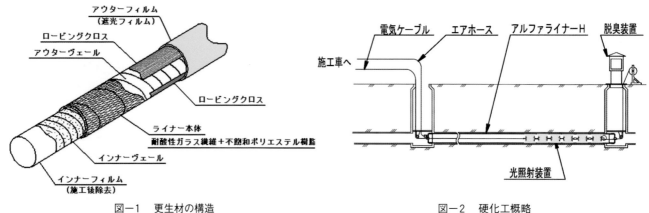

図－1　更生材の構造　　　　　　　　　　　　　　図－2　硬化工概略

◇技術の特長

技術の特長を以下に示す。

（1）施工性：次の各条件下で施工できる。

　　①屈曲角：10°以下の継手部（呼び径350未満），5°以下の継手部（呼び径350以上）

　　②段　差：呼び径の5％以下の継手部（最大40mm）

　　③隙　間：50mm以下の継手部

　　④浸入水：水圧0.025～0.060MPa※，流量2L/min以下の浸入水

　　　　　　　※各呼び径の拡径圧により異なる

（2）耐荷性能：更生管の耐荷性能は，次の試験値である。

　　1）偏平強さおよび外圧強さ

　　①呼び径600以下：「下水道用硬質塩化ビニル管（JSWAS K-1）」と同等以上の偏平強さ

　　②呼び径700以上：「下水道用強化プラスチック複合管（JSWAS K-2）」（2種）と同等以上の基準
　　　　　　　たわみ外圧および破壊外圧

2）曲げ強さ

①短期試験値（第一破壊時の曲げ応力度）（管軸方向の平板）：25 MPa 以上

②短期試験値（第一破壊時の曲げ応力度）（管周方向の平板）：25 MPa 以上

③短期試験値（第一破壊時の曲げ応力度）（管軸方向の更生管）：25 MPa 以上

④短期試験値（第一破壊時の曲げ応力度）（管周方向の更生管）：25 MPa 以上

⑤短期試験値（第一破壊時の曲げひずみ）（管軸方向の平板）：0.75 ％以上

⑥短期試験値（第一破壊時の曲げひずみ）（管周方向の平板）：0.75 ％以上

⑦短期試験値（第一破壊時の曲げひずみ）（管軸方向の更生管）：0.75 ％以上

⑧短期試験値（第一破壊時の曲げひずみ）（管周方向の更生管）：0.75 ％以上

⑨長期試験値　　　　　　　　　　　　　　　　　　　：60 MPa 以上

3）曲げ弾性率

①短期試験値（管軸方向の平板）：　7,000 MPa 以上

②短期試験値（管周方向の平板）：15,000 MPa 以上

③短期試験値（管軸方向の更生管）：　6,500 MPa 以上

④短期試験値（管周方向の更生管）：12,000 MPa 以上

⑤長期試験値　　　　　　　　　　：12,000 MPa 以上

（3）耐久性能

1）耐薬品性

①更生管は，「下水道用強化プラスチック複合管（JSWAS K-2)」と同等以上の耐薬品性を有する。

②更生管は，「浸漬後曲げ試験」の耐薬品性を有する。

2）耐摩耗性：更生管は，下水道用硬質塩化ビニル管（新管）と同等程度の耐摩耗性を有する。

3）耐ストレインコロージョン性

更生管は，50 年後の最小外挿破壊ひずみ≧0.45 ％かつ「下水道用強化プラスチック複合管（JS WAS K-2)」で求められる値を下回らない。

4）水密性：更生管は，0.1 MPa の内水圧および外水圧に耐える水密性を有する。

（4）耐震性能：更生管の耐震性能は，次の試験値である。

1）曲げ強さ

①最大荷重時の曲げ応力度の短期試験値（軸方向の平板）：120 MPa 以上

②最大荷重時の曲げ応力度の短期試験値（周方向の平板）：230 MPa 以上

③最大荷重時の曲げ応力度の短期試験値（軸方向の更生管）：100 MPa 以上

④最大荷重時の曲げ応力度の短期試験値（周方向の更生管）：200 MPa 以上

2）引張強さ

①短期試験値（平板）：70 MPa 以上　　　②短期試験値（更生管）：30 MPa 以上

3）引張弾性率

①短期試験値（平板）：4,000 MPa 以上　　　②短期試験値（更生管）：3,500 MPa 以上

4）引張伸び率

①短期試験値（平板）：0.5 ％以上　　　②短期試験値（更生管）：0.5 ％以上

5）圧縮強さ

①短期試験値（平板）：80 MPa 以上　　　②短期試験値（更生管）：70 MPa 以上

　　６）圧縮弾性率

　　　　①短期試験値（平板）：5,000 MPa 以上　　　②短期試験値（更生管）：3,000 MPa 以上

（５）水理性能

　　１）成形後収縮性：更生管は，成形後２時間以内に収縮が収まり安定する。

（６）材料特性：更生管に使用する樹脂の材料特性は，次の試験値である。

　　　　①曲げ強さの短期試験値：100 MPa 以上　　　②破断時の引張伸び率：２％以上

　　　　③負荷時のたわみ温度：85 ℃以上

（７）硬質塩化ビニル管への施工性：限られた模擬管きょ条件において硬質塩化ビニル管への施工ができる。

（８）既設管への追従性：更生管は，地盤変位にともなう既設管への追従性を有する。

（９）耐高圧洗浄性：更生管は，15 MPa の高圧洗浄で，剥離や破損がない。

◇技術の区分名称

基準達成型'21 および開発目標型

管きょ更生工法（現場硬化管，自立管構造）ガラス繊維有り

◇技術の適用範囲

　管　　　種：鉄筋コンクリート管，陶管，鋼管，鋳鉄管，硬質塩化ビニル管

　管　　　径：呼び径 150 ～ 900（鉄筋コンクリート管，陶管，鋼管，鋳鉄管）

　　　　　　　　呼び径 150 ～ 600（下水道用硬質塩化ビニル管）

　施工延長：100 m

　注記１：「管きょ更生工法における設計・施工管理ガイドライン‐2017 年版‐」が対象とする既設管種は，鉄
　　　　　　筋コンクリート管，陶管等の剛性管である。

　注記２：耐震設計における適用管径は，既設管呼び径 800 未満とする。

◇施工実績（抜粋）

施工年月	施工場所	呼び径（mm）	施工延長（m）
2022 年 7 月	長野県佐久市	300	20.00
2022 年 9 月	静岡県磐田市	600	99.50
2022 年 10 月	東京都板橋区	800	141.65
2022 年 11 月	大阪府堺市	450	642.10
2022 年 12 月	福岡県福岡市	300	326.80
2023 年 1 月	神奈川県横浜市	250	137.10
2023 年 2 月	北海道札幌市	500	87.69
2023 年 3 月	愛知県西尾市	600	14.60

◇技術保有会社および連絡先

【技術保有会社】東亜グラウト工業株式会社　　　　https://www.toa-g.co.jp/

【問　合　せ　先】株式会社リグドロップ　　　　　TEL 03-3355-1545

　　　　　　　　　光硬化工法協会　　　　　　　　TEL 03-5367-5173

◇審査証明有効年月日

2022 年 3 月 16 日 ～ 2027 年 3 月 31 日

ブイレイズ工法

◇技術の概要

　ブイレイズ工法は，損傷や腐食した既設管きょ内部に更生管を構築する非開削更生工法である。更生材は，耐酸性ガラス繊維等に光硬化性の樹脂を含浸させたものである。

　施工は，既設管きょ内に更生材を引き込み，空気圧で拡張させた後，光硬化装置を所定の速度で牽引し，光照射することで硬化させ，更生管を構築する。

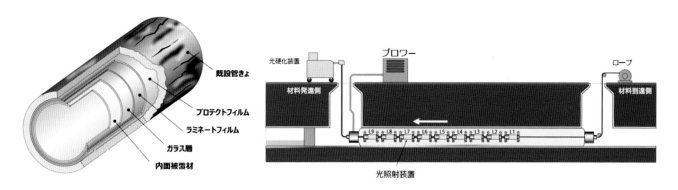

図―1　ガラスライナー断面図構造　　　　　　　　　　図―2　硬化状況

◇技術の特長

技術の特長を以下に示す。

（1）施工性：次の各条件下で施工ができる。

　　①屈曲角：8°以下の継手部

　　②段　差：30 mm 以下の継手部

　　③隙　間：110 mm 以下の継手部

　　④水　圧：0.05 MPa，流量2 L/min 以下の浸入水

　　⑤滞留水：100 mm 以下

（2）耐荷性能：更生管の耐荷性能は，次の試験値である。

　　1）偏平強さまたは外圧強さ

　　①φ600 mm 以下：「下水道用硬質塩化ビニル管（JSWAS K-1）」と同等以上の偏平強さ

　　②φ700 mm 以上：「下水道用強化プラスチック複合管（JSWAS K-2）」（2種）と同等以上の外圧強さ

　　2）曲げ強さ

　　①短期試験値（第一破壊時の曲げ応力度）（平板）：120 MPa 以上

　　②短期試験値（第一破壊時の曲げひずみ）（平板）：0.75 %以上

　　③長期試験値 150 MPa 以上

  3）曲げ弾性率

   ①短期試験値（平板）：6,000 MPa 以上

   ②短期試験値（円弧）：5,000 MPa 以上

   ③長期試験値　　　　　：16,800 MPa 以上

（3）耐久性能：更生管の耐久性能は，次の試験値である。

  1）耐薬品性

    更生管は，「浸漬後曲げ試験」において耐薬品性を有する。

  2）耐摩耗性

    更生管は，下水道用硬質塩化ビニル管（新管）と同等程度の耐摩耗性を有する。

  3）耐ストレインコロージョン性

    更生管は，50 年後の最小外挿破壊ひずみ≧0.45％かつ「下水道用強化プラスチック複合管（JSWAS K-2)」で求められる値を下回らない。

  4）水密性

    更生管は，0.1 MPa の外水圧および内水圧に対する水密性を有する。

（4）耐震性能：更生管の耐震性能は，次の試験値である。

  1）曲げ強さ

   ①短期試験値（最大荷重時の曲げ応力度）（平板）：120 MPa 以上

   ②短期試験値（最大荷重時の曲げ応力度）（円弧）：90 MPa 以上

  2）引張強さ

   ①短期試験値（平板）：80 MPa 以上

   ②短期試験値（円弧）：60 MPa 以上

  3）引張弾性率

   ①短期試験値（平板）：6,000 MPa 以上

   ②短期試験値（円弧）：5,000 MPa 以上

  4）引張伸び率

    短期試験値（平板）：1.5 ％以上

  5）圧縮強さ

   ①短期試験値（平板）：60 MPa 以上

   ②短期試験値（円弧）：50 MPa 以上

  6）圧縮弾性率

   ①短期試験値（平板）：4,000 MPa 以上

   ②短期試験値（円弧）：3,000 MPa 以上

（5）水理性能

  1）成形後収縮性：成形後4時間以内に収縮が収まり安定する。

（6）材料特性：更生管に使用する樹脂の材料特性は，次の試験値である。

  1）曲げ強さの短期試験値：100 MPa 以上　　　2）破断時の引張伸び率の試験値：2 ％以上

  3）負荷時のたわみ温度の試験値：85℃以上

（7）耐高圧洗浄性

    更生管は，15 MPa の高圧洗浄で剥離や破損がない。

（8）既設管への追従性

　　更生管は，地盤変位にともなう既設管への追従性を有する。

（9）硬質塩化ビニル管への施工性

　　新管かつ直線の硬質塩化ビニル管に施工できる。

◇技術の区分名称

基準達成型'20 および開発目標型

管きょ更生工法（現場硬化管，自立管構造）ガラス繊維有り

◇技術の適用範囲

　管　　種：鉄筋コンクリート管，陶管，鋼管，鋳鉄管，硬質塩化ビニル管

　管　　径：呼び径 200 ～ 800（鉄筋コンクリート管，鋼管，鋳鉄管）

　　　　　　呼び径 200 ～ 600（陶管，硬質塩化ビニル管）

　施工延長：呼び径 200 ～ 250：40 m

　　　　　　　　　　300 ～ 800：10 m

◇技術保有会社および連絡先

【技術保有会社】タキロンシーアイシビル株式会社　　　https://www.tc-civil.co.jp/

【問 合 せ 先】タキロンシーアイシビル株式会社　　　本　　社　　ＴＥＬ 06-6453-6533

　　　　　　　　　　　　　　　　　　　　　　　　　　　　　　　ＦＡＸ 06-6453-5270

　　　　　　　　　　　　　　　　　　　　　　　　東京支店　　ＴＥＬ 03-6711-4506

　　　　　　　　　　　　　　　　　　　　　　　　　　　　　　　ＦＡＸ 03-6711-4510

◇審査証明有効年月日

2021 年 3 月 18 日～ 2026 年 3 月 31 日

J－TEX工法

◇技術の概要

　J-TEX 工法は，光硬化の技術を使用した形成工法に分類される本管用の管更生工法である。特殊に編み込んだ耐酸性ガラスクロスとガラス繊維に光硬化性樹脂を含浸した SORS（ソールス）Liner（ライナー）を，マンホールから既設管内に引き込み挿入し，専用治具（パッカー）を上下流端部に取り付け，空気送風機（ブロワ）により空気を送り込んで拡径し，光照射装置（UVチェーン）を更生材内に挿入する。再び空気送風機によって空気を送り込み，更生材料が既設管内面に密着して規定圧力に達したことを確認したのち，光照射装置によって樹脂を硬化させて所定の強度と耐久性を有した更生管を形成する。

　本技術は，光硬化施工装置（UVケーブルコントロールユニット）を小型化することで，施工車両1台に施工機材と発電機および材料等を積み込めるようになっている。また，光照射装置の前後と専用治具に設置したカメラにより，硬化時等の施工管理を更生材内部の全延長で可能としている。さらに，材料の拡径に空気送風機を用いることで，圧力上昇の安全性が確保できる。

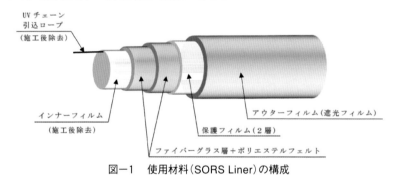

図－1　使用材料（SORS Liner）の構成

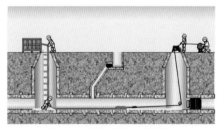

図－2　施工概要（材料引込）

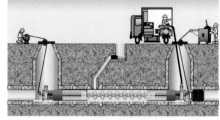

図－3　施工概要（光硬化）

◇技術の特長

技術の特長を以下に示す。

（1）施工性：次の各条件下で施工できる。

　　①段　差：呼び径の5％以下の継手部　　②横ズレ：呼び径の5％以下の継手部

　　③屈曲角：10°以下の継手部（呼び径 350 未満）　5°以下の継手部（呼び径 350 以上）

　　④隙　間：100 mm 以下の継手部　　⑤浸入水：水圧 0.03 MPa，流量 0.5 L/min 以下の浸入水

　　⑥滞留水：50 mm 以下の部分滞留水

（2）耐荷性能：更生管の耐荷性能は，次の試験値である。

  1）偏平強さまたは外圧強さ

    ①φ600 mm 以下：「下水道用硬質塩化ビニル管（JSWAS K-1）」と同等以上の偏平強さ

    ②φ700 mm 以上：「下水道用強化プラスチック複合管（JSWAS K-2）」（2種）と同等以上の基準たわ
        み外圧および破壊外圧

  2）曲げ強さ

    ①短期試験値（第一破壊時の曲げ応力度）（平板）：25 MPa 以上

    ②短期試験値（第一破壊時の曲げ応力度）（円弧）：25 MPa 以上

    ③短期試験値（第一破壊時の曲げひずみ）（平板）：0.75 ％以上

    ④短期試験値（第一破壊時の曲げひずみ）（円弧）：0.75 ％以上

    ⑤長期試験値：70 MPa 以上

  3）曲げ弾性率

    ①短期試験値（平板）：13,000 MPa 以上

    ②短期試験値（円弧）：4,500 MPa 以上

    ③長期試験値：10,500 MPa 以上

（3）耐久性能

  1）耐薬品性：更生管は，「浸漬後曲げ試験」において次の試験値である。

    ①基本試験（8液，23℃）：試験液浸漬28日後の曲げ強さ保持率および曲げ弾性率保持率80 ％以上

    ②常温試験（2液，23℃）：試験液浸漬1年後の曲げ弾性率保持率70 ％以上

    ③促進試験（2液，60℃）：試験液浸漬28日後の曲げ弾性率保持率70 ％以上

    ④長期曲げ弾性率の推定：50 年後の長期曲げ弾性率推定値が設計値（換算値）を下回らない

  2）耐摩耗性：更生管は，下水道用硬質塩化ビニル管（新管）と同等程度の耐摩耗性を有する。

  3）耐ストレインコロージョン性：更生管は，50 年後の最小外挿破壊ひずみ≧0.45％かつ「下水道用強化
    プラスチック複合管（JSWAS K-2）」で求められる値を下回らない。

  4）水密性：更生管は，0.1 MPa の内水圧および外水圧に耐える水密性を有する。

（4）耐震性能：更生管の耐震性能は，次の試験値である。

  1）曲げ強さ

    ①短期試験値（最大荷重時の曲げ応力度）（平板）：270 MPa 以上

    ②短期試験値（最大荷重時の曲げ応力度）（円弧）：90 MPa 以上

  2）引張強さ

    ①短期試験値（平板）：　100 MPa 以上　　②短期試験値（円弧）：50 MPa 以上

  3）引張弾性率

    ①短期試験値（平板）：5,000 MPa 以上　　②短期試験値（円弧）：3,000 MPa 以上

  4）引張伸び率

    ①短期試験値（平板）：0.5 ％以上　　②短期試験値（円弧）：0.5 ％以上

  5）圧縮強さ

    ①短期試験値（平板）：　100 MPa 以上　　②短期試験値（円弧）：60 MPa 以上

  6）圧縮弾性率

    ①短期試験値（平板）：7,500 MPa 以上　　②短期試験値（円弧）：5,000 MPa 以上

（5）水理性能

  1）成形後収縮性

    更生管は，成形後2時間以内に収縮が収まり安定する。

（6）材料特性：更生管に使用する樹脂の材料特性は，次の試験値である。

  1）曲げ強さの短期試験値：100 MPa 以上

  2）破断時の引張伸び率：2％以上

  3）負荷時のたわみ温度：85℃以上

（7）硬質塩化ビニル管への施工性

    限られた模擬管きょ条件において，硬質塩化ビニル管に施工ができる。

（8）既設管への追従性

    更生管は，地盤変位にともなう既設管への追従性を有する。

（9）耐高圧洗浄性

    更生管は，15 MPa の高圧洗浄で剥離や破損がない。

◇技術の区分名称

基準達成型'20 および開発目標型

管きょ更生工法（現場硬化管，自立管構造）ガラス繊維有り

◇技術の適用範囲

管　　　種：鉄筋コンクリート管，陶管，硬質塩化ビニル管

管　　　径：呼び径 150～800（鉄筋コンクリート管）

　　　　　　呼び径 150～600（硬質塩化ビニル管，陶管）

施工延長：呼び径 150～500　60 m

　　　　　　呼び径 600～800　10 m

◇施工実績（抜粋）

施工年月	施工場所	呼び径	施工延長（m）	管　種
2021年12月	青森県	700	119.80	ヒューム管
2022年 4月	千葉県	700	165.30	ヒューム管
2022年 5月	熊本県	450	145.00	ヒューム管
2023年 2月	茨城県	150	290.27	ヒューム管

◇技術保有会社および連絡先

【技術保有会社】株式会社SORS　　　　TEL 072-857-8900　　FAX 072-856-7600

【問 合 せ 先】J-TEX 工法協会　　https://www.j-tex.jp　TEL・FAX 024-559-2658

◇審査証明有効年月日

2021 年 3 月 18 日～2026 年 3 月 31 日

SDライナーⅡ工法〈G+VE〉

◇技術の概要

　ＳＤライナーⅡ工法＜Ｇ＋ＶＥ＞は，老朽化し損傷，腐食した既設管きょを非開削で更生する工法である。

　更生材料は，工場にて耐酸ガラス繊維を軸方向と周方向に均等に配置した基材に耐薬品性に優れたビニルエステル樹脂（熱硬化性樹脂）を含浸させ作製したものである。

　耐酸ガラス繊維を軸方向・周方向に均等に配置したことにより，どちらの方向でも同等に高強度を発揮する。

　施工方法は形成工法であり，既設管きょ内に更生材をウィンチにより引き込み，両端部に金具を取り付け，空気圧で拡径させた後，蒸気あるいは温水で全体を硬化させ新しい管きょ（更生管）を構築する。

　完成した更生管は，耐荷性能，耐震性能，耐久性能，水理性能等を有する工法である。

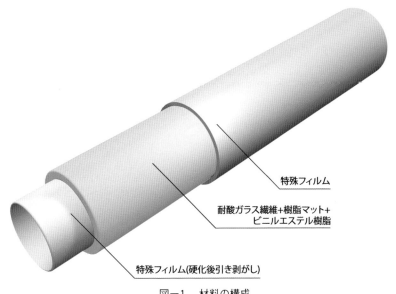

図－1　材料の構成

写真－1　施工状況（材料挿入状況）

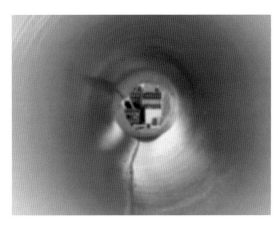

写真－2　施工後管内状況

◇技術の特長

技術の特長を以下に示す。

（1）施工性：次の条件下で施工できる。

    ①屈曲角 10° 以下の継手部（呼び径 700 以下），屈曲角 5° 以下の継手部（呼び径 800）

    ②段差 25 mm 以下の継手部　③横ズレ 25 mm 以下の継手部　④隙間 100 mm 以下の継手部

    ⑤100 mm 以下の部分滞留水　⑥水圧 0.05 MPa，流量 2L/min 以下の浸入水

（2）耐荷性能：更生管の耐荷性能は，次の試験値である。

    1）偏平強さまたは外圧強さ

    ①呼び径 600 以下：「下水道用硬質塩化ビニル管（JSWAS K-1）」と同等以上の偏平強さ

    ②呼び径 700 以上：「下水道用強化プラスチック複合管（JSWAS K-2）」（2種）と同等以上の
      基準たわみ外圧および破壊外圧

    2）曲げ強さ

    ①第一破壊時の短期曲げ応用度　　25 MPa 以上

    ②第一破壊時の曲げひずみ　　　　0.75％以上

    ③曲げ強さの長期試験値　　　　　70 MPa 以上

    3）曲げ弾性率

    ①曲げ弾性率の短期試験値　　8,000 MPa 以上

    ②曲げ弾性率の長期試験値　　7,000 MPa 以上

（3）耐久性能：更生管の耐久性能は，次の試験値である。

    1）耐薬品性

    ①更生管は，「浸漬後曲げ試験」の耐薬品性を有する。

    ②更生管は，「下水道用強化プラスチック複合管（JSWAS K-2）」と同等以上の耐薬品性を有する。

    2）耐摩耗性：更生管は，下水道用硬質塩化ビニル管（新管）と同等程度の耐摩耗性を有する。

    3）耐ストレインコロージョン性：更生管は，50 年後の最小外挿破壊ひずみ $\geq$ 0.45 ％かつ下水道用強化
    プラスチック複合管（JSWAS K-2）で求められる値を下回らない。

    4）水密性：更生管は，0.1 MPa の内水圧および外水圧に耐える水密性を有する。

（4）耐震性能：更生管の耐震性能は，次の試験値である。

    1）曲げ強さの短期試験値　　　150 MPa 以上　　2）引張強さの短期試験値　　　90 MPa 以上

    3）引張弾性率の短期試験値　7,000 MPa 以上　　4）引張伸び率の短期試験値　　　0.5％以上

    5）圧縮強さの短期試験値　　　70 MPa 以上　　6）圧縮弾性率の短期試験値　4,500 MPa 以上

（5）水理性能：更生管は成型後，2 時間以内に収縮が収まり安定する。

（6）材料特性：ビニルエステル樹脂の材料特性は，次の試験値である。

    1）曲げ強さの短期試験値：100 MPa 以上

    2）破断時の引張伸び率：2 ％以上

    3）負荷時のたわみ温度：85℃以上

（7）既設管への追従性

    更生管は，地盤変化にともなう既設管への追従性を有する。

（8）耐高圧洗浄性

    更生管は，15 MPa の高圧洗浄で剥離や破損がない。

写真－3　追従性立会試験状況

◇技術の区分名称

基準達成型'18 および開発目標型

管きょ更生工法（現場硬化管，自立管構造）ガラス繊維有り

◇技術の適用範囲

管　　　種：鉄筋コンクリート管・陶管・鋼管・鋳鉄管

管　　　径：本管呼び径　200 〜 800

施工延長：本管呼び径　700 以下　75 m，本管呼び径　800 以下　50 m

◇施工実績（抜粋）

施工年度	施工延長（m）	主な施工場所
2014年度（平成26年度）	340.4	府中市
2015年度（平成27年度）	12.7	武蔵野市
2016年度（平成28年度）	6,011.4	高崎市・宇都宮市・東久留米市・郡山市・天童市
2017年度（平成29年度）	4,546.1	高崎市・前橋市・岡崎市・茅野市・天童市
2018年度（平成30年度）	5,626.2	高崎市・前橋市・東久留米市・岡崎市・天童市
2019年度（令和元年度）	6,984.7	川口市・足利市・小田原市・仙台市・岡崎市
2020年度（令和2年度）	3,659.2	高崎市・川口市・足利市・岡崎市・茅野市
2021年度（令和3年度）	4,835.6	高崎市・小田原市・足利市・岡崎市・宇都宮市
2022年度（令和4年度）	4,774.9	高崎市・佐野市・足利市・岡崎市・宇都宮市
合　　計	36,791.2	

◇技術保有会社および連絡先

【技術保有会社】管水工業株式会社　　　https://kansui-kk.com

【問 合 せ 先】管水工業株式会社　　　TEL 027-329-7373

　　　　　　　　SDライナー工法協会　　https://sd-liner.jp

　　　　　　　　　　　　　　　　　　　TEL 027-329-7378

◇審査証明有効年月日

2021 年 3 月 18 日〜 2026 年 3 月 31 日

FFT-S工法

◇技術の概要

　FFT-S工法は，損傷や腐食した既設管きょ内部にFRPパイプを構築する非開削更生工法である。更生材（樹脂含浸ガラスライナー）は，耐酸ガラス繊維等をサンドイッチ構造に貼り合わせた材料に，熱硬化性の樹脂を含浸させたものである。

　施工は，更生材の保護と牽引力の低減を目的としたスリップシートを既設管きょ内に引き込み，更生材を引き込み空気圧で拡張させた後，蒸気と空気を混合させた熱風を供給しながら硬化させ，FRPパイプを構築する。

　更生材には次の2種類がある。両タイプともに，必要強度に応じて厚さを変えることができる。

①主に自立管用として強度を必要とする際に用いるGタイプ

②主に防食や止水等を目的に適度な強度を必要とする際に用いるLタイプ

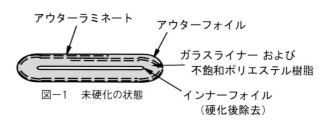

図－1　未硬化の状態

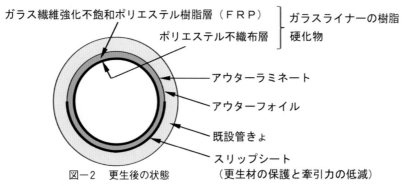

図－2　更生後の状態

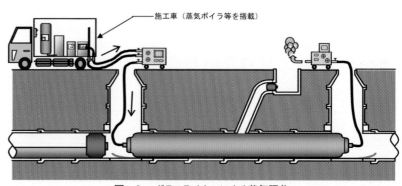

図－3　ガラスライナーによる蒸気硬化

◇技術の特長

技術の特長を以下に示す。

（1）次の各条件下で施工ができる。

①屈曲角 10°以下の継手部　　②段差 30 mm 以下の継手部　　③隙間 110 mm 以下の継手部

④水圧 0.05 MPa，流量 2 L/min 以下の浸入水　　⑤滞留水 100 mm 以下

（2）耐荷性能

1）偏平強さまたは外圧強さ（更生管）：Gタイプは，

①φ600 mm 以下：「下水道用硬質塩化ビニル管（JSWAS K-1）」と同等以上の偏平強さ。

②φ700 mm 以上：「下水道用強化プラスチック複合管（JSWAS K-2）」（2 種）と同等以上の外圧強さ。

2）曲 げ 強 さ：Gタイプは，①第一次破壊時の曲げ応力の短期試験値（平板）140 N/mm² 以上

②第一次破壊時の曲げひずみの短期試験値（平板）0.75 ％以上

③曲げ強さの長期試験値（更生管）66 N/mm² 以上

Lタイプは，①曲げ強さの長期試験値（更生管）47 N/mm² 以上

3）曲げ弾性率：Gタイプは，①短期試験値 7,000 N/mm² 以上

②長期試験値 5,170 N/mm² 以上

Lタイプは，①短期試験値 4,000 N/mm² 以上

②長期試験値 2,540 N/mm² 以上

（3）耐久性能

1）耐薬品性：①Gタイプは，浸漬後曲げ試験の曲げ強さ保持率および曲げ弾性率保持率が規格値を上回り，50 年後長期曲げ弾性率推定値が設計換算値を上回る。

②Gタイプおよび Lタイプは，「下水道用強化プラスチック複合管（JSWAS K-2）」と同等以上の耐薬品性を有する。

2）耐摩耗性：Gタイプおよび Lタイプは，「下水道用硬質塩化ビニル管（JSWAS K-1）」と同等程度の耐摩耗性を有する。

3）耐ストレインコロージョン性：Gタイプおよび Lタイプは，50 年後の最小外挿破壊ひずみ≧0.45 ％かつ JSWAS K-2 で求められる値を下回らないこと。

（4）耐震性能

1）曲げ強さの短期試験値　　Gタイプ：　140 N/mm² 以上，Lタイプ：　　60 N/mm² 以上

2）引張強さの短期試験値　　Gタイプ：　　80 N/mm² 以上，Lタイプ：　　40 N/mm² 以上

3）引張弾性率の短期試験値　Gタイプ：6,000 N/mm² 以上，Lタイプ：4,000 N/mm² 以上

4）引張伸び率の短期試験値　Gタイプ：　　1.5 ％ 以上

5）圧縮強さの短期試験値　　Gタイプ：　　60 N/mm² 以上，Lタイプ：　　40 N/mm² 以上

6）圧縮弾性率の短期試験値　Gタイプ：4,000 N/mm² 以上，Lタイプ：2,000 N/mm² 以上

（5）水理性能

1）成形後収縮性：Gタイプおよび Lタイプは成形後，4 時間以内に収縮が収まり安定する。

（6）材料特性

1）曲 げ 強 さ の 短 期 試 験 値：100 N/mm² 以上

2）破断時の引張伸び率の試験値：2 ％以上

3）負荷時のたわみ温度の試験値：85 ℃以上

（7）耐高圧洗浄性：更生管は，15MPaの高圧洗浄で，剥離・破損がない。

（8）既設管への追従性：Gタイプの更生管は，地盤変位に伴う既設管への追従性を有する。

（9）塩ビ管への適用性：GタイプおよびLタイプは，硬質塩化ビニル管への適用性を有する。

◇基準達成型の区分

管きょ更生工法（現場硬化管，自立管構造）※Lタイプは除く

◇技術の適用範囲

管　　種：鉄筋コンクリート管，陶管，鋼管，鋳鉄管，塩ビ管

管　　径：呼び径 150〜800

施工延長：呼び径 150〜700：100 m

　　　　　　　　　 800： 80 m

（中間マンホールを含む連続区間の施工が可能）

◇施工実績（抜粋）

施工年月	施工場所	管種	タイプ	管径	施工延長(m)
2018年4月	栃木県	ヒューム管	G	φ500	104.4
2019年1月	千葉県	ヒューム管	G	φ700	97.8
2020年1月	宮城県	ヒューム管	G	φ600	99.0
2020年2月	静岡県	ヒューム管	G	φ500	119.1
2020年11月	静岡県	ヒューム管	G	φ450	124.3
2021年2月	山形県	ヒューム管	G	φ350	102.1
2022年2月	佐賀県	ヒューム管	G	φ400	121.3
2022年2月	京都府	ヒューム管	G	φ700	104.5
2022年6月	宮崎県	コンクリート管	G	φ800	63.7
2022年10月	群馬県	ヒューム管	G	φ700	99.9

◇技術保有会社および連絡先

【技術保有会社】タキロンシーアイシビル株式会社　　　　　http://www.fft-s.gr.jp/

【問 合 せ 先】タキロンシーアイシビル株式会社　　本　　社　TEL 06-6453-6533

　　　　　　　　　　　　　　　　　　　　　　　　東京支店　TEL 03-5463-8501

◇審査証明有効年月日

2019 年 3 月 15 日〜 2024 年 3 月 31 日

FFT-S工法 Hタイプ

◇技術の概要

　FFT－S工法 Hタイプは，損傷や腐食した既設管きょ内部にFRPパイプを構築する非開削更生工法である。更生材は，ラミネートフィルム，ガラス層，内面被覆材から構成されており，樹脂含浸ライナーはガラス繊維量を増やすことで，従来のFFT－S工法 Gタイプと比べ，長期物性を向上させた高強度かつ薄肉化仕様となっている。

　施工は，更生材の保護と牽引力の低減を目的としたスリップシートを既設管きょ内に引き込んだのち，更生材を引き込み空気圧で拡張させた後，蒸気と空気を混合させた熱風を供給しながら硬化させ，FRPパイプを構築する。

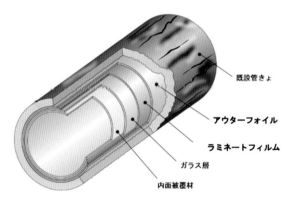

図－1　ガラスライナー断面図

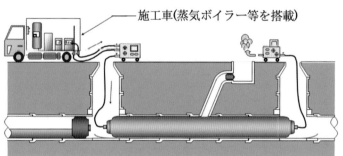

図－2　硬化状況

◇技術の特長

技術の特長を以下に示す。

（1）施工性：次の各条件下で施工ができる。

　　1）屈曲角：10°以下の継手部

　　2）段　差：30mm 以下の継手部

　　3）隙　間：110mm 以下の継手部

　　4）浸入水：水圧 0.05MPa，流量 2 L/min 以下の浸入水

　　5）滞留水：100mm 以下の部分的滞留水

（2）耐荷性能：更生管の耐荷性能は，次の試験値である。

　　1）偏平強さおよび外圧強さ

　　　①φ600mm 以下：「下水道用硬質塩化ビニル管（JSWAS K-1）2010」と同等以上の偏平強さ

　　　②φ700mm 以上：「下水道用強化プラスチック複合管（JSWAS K-2）2017」（2種）と同等以上の基準たわみ外圧および破壊外圧

2）曲げ強さ

①短期試験値（第一破壊時の曲げ応力度）（管軸方向の平板）：140MPa 以上

②短期試験値（第一破壊時の曲げひずみ）（管軸方向の平板）：0.75％以上

③長期試験値　　　　　　　　　　　　　　　　　　　：100MPa 以上

3）曲げ弾性率

①短期試験値（管軸方向の平板）：5,000MPa 以上

②短期試験値（管軸方向の円弧）：4,000MPa 以上

③長期試験値　　　　　　　　　：16,800MPa 以上

（3）耐久性能

1）耐薬品性

更生管は，「浸漬後曲げ試験」において次の試験値である。

ⅰ．基本試験（8液，23℃）

試験液浸漬 28 日後の曲げ強さ保持率および曲げ弾性率保持率 80％以上

ⅱ．常温試験（2液，23℃）

試験液浸漬 1 年後の曲げ弾性率保持率 70 ％以上

ⅲ．促進試験（2液，60 ℃）

試験液浸漬 28 日後の曲げ弾性率保持率 70 ％以上

ⅳ．長期曲げ弾性率の推定

50 年後の長期曲げ弾性率推定値が設計値（換算値）を下回らない。

2）耐摩耗性

更生管は，下水道用硬質塩化ビニル管（新管）と同等程度の耐摩耗性を有する。

3）耐ストレインコロージョン性

更生管は，50 年後の最小外挿破壊ひずみ≧0.45％かつ「下水道用強化プラスチック複合管
（JSWAS K-2）2017」で求められる値を下回らない。

4）水密性

更生管は，0.1MPa の外水圧および内水圧に耐える水密性を有する。

（4）耐震性能：更生管の耐震性能は，次の試験値である。

1）曲げ強さ

①短期試験値（最大荷重時の曲げ応力度）（管軸方向の平板）：140MPa 以上

②短期試験値（最大荷重時の曲げ応力度）（管軸方向の円弧）：100MPa 以上

2）引張強さ

①短期試験値（管軸方向の平板）：100MPa 以上

②短期試験値（管軸方向の円弧）： 60MPa 以上

3）引張弾性率

①短期試験値（管軸方向の平板）：4,000MPa 以上

②短期試験値（管軸方向の円弧）：3,000MPa 以上

4）引張伸び率

短期試験値（管軸方向の平板）：1.5％以上

5）圧縮強さ

①短期試験値（管軸方向の平板）：80MPa 以上

②短期試験値（管軸方向の円弧）：50MPa 以上

6）圧縮弾性率

①短期試験値（管軸方向の平板）：4,000MPa 以上

②短期試験値（管軸方向の円弧）：3,000MPa 以上

（5）水理性能

1）成形後収縮性

更生管は，成形後 4 時間以内に収縮が収まり安定する。

（6）材料特性：更生管に使用する樹脂の材料特性は，次の試験値である。

1）曲げ強さの短期試験値：100 MPa 以上

2）破断時の引張伸び率：2 ％以上

3）負荷時のたわみ温度：85 ℃以上

（7）耐高圧洗浄性：更生管は，15MPa の高圧洗浄で，剥離・破損がない。

（8）既設管への追従性：更生管は，地盤変位にともなう既設管への追従性を有する。

（9）硬質塩化ビニル管への施工性

限られた模擬管きょ条件において，硬質塩化ビニル管に施工ができる。

◇技術の区分名称

基準達成型'22 および開発目標型

管きょ更生工法（現場硬化管，自立管構造）ガラス繊維有り

◇技術の適用範囲

管　　種：鉄筋コンクリート管，陶管，鋼管，鋳鉄管，硬質塩化ビニル管

管　　径：呼び径 150 ～ 800（鉄筋コンクリート管，鋼管，鋳鉄管）

　　　　　　呼び径 150 ～ 600（陶管，硬質塩化ビニル管）

施工延長：100m

◇技術保有会社および連絡先

【技術保有会社】タキロンシーアイシビル株式会社　　　https://www.tc-civil.co.jp/

【問 合 せ 先】タキロンシーアイシビル株式会社　　　本　　社　TEL　06-6453-6355

　　　　　　　　　　　　　　　　　　　　　　　　　　　　　　　　FAX　06-6453-9305

　　　　　　　　　　　　　　　　　　　　　　　　東京支店　TEL　03-6711-4506

　　　　　　　　　　　　　　　　　　　　　　　　　　　　　　　　FAX　03-5463-1121

◇審査証明有効年月日

2023 年 3 月 15 日～ 2028 年 3 月 31 日

インシチュフォーム工法
〈高強度ガラスライナー〉

◇技術の概要

　インシチュフォーム工法＜高強度ガラスライナー＞は，管きょの大きさに合わせて筒状に縫製したガラス繊維に，熱硬化性樹脂を含浸し，引き込みにて挿入後，蒸気で樹脂を硬化させ，既設管内に新しい管きょを形成する工法である。既設管の劣化・損傷度，流下能力への影響，住宅街などでの住民への臭気対策，荷重条件などを考慮し，現場環境に適した最適なライニング材料を提供する。

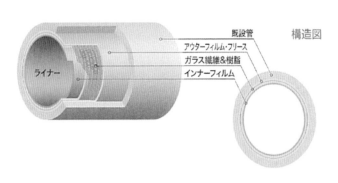

図ー1　高強度ガラスライナーの構造

写真ー1　高強度ガラスライナー

写真ー2　施工性確認状況

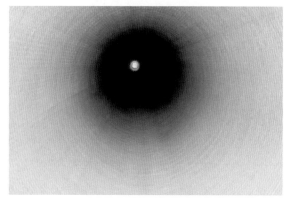

写真ー3　施工後管内状況

◇技術の特長

技術の特長を以下に示す。

（1）施工性：次の各条件下で施工できる。

　　①水圧 0.05 MPa，流量 2 L/min 以下の浸入水　②屈曲角 10° 以下の継手部

　　③段差または横ずれ 30 mm 以下の継手部　④隙間 100 mm 以下の継手部

　　⑤ 50 mm 以下の部分的滞留水

（2）耐荷性能：更生管の耐荷性能は，次の試験値である。

  1）偏平強さまたは外圧強さ

    ①φ600 mm以下：「下水道用硬質塩化ビニル管（JSWAS K-1）」と同等以上の偏平強さ

    ②φ700 mm以上：「下水道用強化プラスチック複合管（JSWAS K-2）」（2種）と同等以上の外圧強さ

  2）曲げ強さ

    ①曲げ強さの長期試験値（更生管）100 MPa 以上

    ②第一破壊時の曲げ応力 25 MPa 以上　③第一破壊時の曲げひずみ 0.75 ％以上

  3）曲げ弾性率

    ①曲げ弾性率の短期試験値（平板および更生管）10,000 MPa 以上（円弧）6,000 MPa 以上

    ②曲げ弾性率の長期試験値（更生管）8,900 MPa 以上

    ③曲げ弾性率の長期試験値（平板）9,000 MPa 以上

（3）耐久性能

  1）耐薬品性

    ①更生管は，「下水道用強化プラスチック複合管（JSWAS K-2）」と同等以上の耐薬品性を有する。

    ②更生管は，浸漬後曲げ試験において，次の試験値である。

    　i．　基本試験における曲げ強さおよび曲げ弾性率保持率が 80 ％以上

    　ii．　常温試験における曲げ弾性率保持率が 70 ％以上

    　iii．　促進試験における曲げ弾性率保持率が 70 ％以上

    　iv．　50 年後の長期曲げ弾性率推定値が設計値（換算値）5,033 MPa を下回らない

  2）耐摩耗性：更生管は，下水道用硬質塩化ビニル管（新管）と同等程度の耐摩耗性を有する。

  3）耐ストレインコロージョン性：更生管は，50 年後の最小外挿破壊ひずみ≧0.45 ％かつ「下水道用強
    化プラスチック複合管（JSWAS K-2）」で求められる値を下回らない。

  4）水密性：更生管は，0.1 MPa の内水圧および外水圧に耐える水密性を有する。

（4）耐震性能：更生管の耐震性能は，次の試験値である。

  1）曲げ強さの短期試験値（更生管および平板）140 MPa 以上

  2）引張強さの短期試験値 140 MPa 以上　3）引張弾性率の短期試験値 8,000 MPa 以上

  4）引張伸び率の短期試験値 0.5 ％以上　5）圧縮強さの短期試験値 80 MPa 以上

  6）圧縮弾性率の短期試験値 5,000 MPa 以上

（5）水理性能

  1）成形後収縮性：更生管は成形後，1.5 時間以内に収縮が収まり安定する。

（6）材料特性：樹脂の特性は，次の試験値である。

  1）不飽和ポリエステル樹脂

    ①曲げ強さの短期試験値 100 MPa 以上　②破壊時の引張伸び率2％以上

    ③負荷時のたわみ温度85℃以上

（7）既設管との追従性：更生管は，地盤変位にともなう既設管への追従性を有する。

（8）硬質塩化ビニル管への施工性：限られた模擬管きょ条件において，硬質塩化ビニル管に施工できる。

（9）耐高圧洗浄性：更生管は，15 MPa の高圧洗浄で剥離や破損がない。

◇ 技術の区分名称

基準達成型'19 および開発目標型

管きょ更生工法（現場硬化管，自立管構造）ガラス繊維有り

◇ 技術の適用範囲

管　　種：鉄筋コンクリート管・陶管・鋼管・鋳鉄管・硬質塩化ビニル管

管　　径：呼び径 150 ～ 800

施工延長：80 m

◇ 施工実績（抜粋）

施 工 年 月	施 工 場 所	発 注 者	管径(mm)	延長(m)	既設管種
平成29年6月	千葉市	千葉市建設局	300	23.11	鉄筋コンクリート管
平成29年11月	伊丹市	伊丹市上下水道局	250	28.25	鉄筋コンクリート管
平成30年2月	秩父市	秩父市	700	53.40	鉄筋コンクリート管
平成30年3月	熊谷市	熊谷市	250	40.30	鉄筋コンクリート管
平成30年5月	苫小牧市	苫小牧市上下水道部	450	48.95	鉄筋コンクリート管
平成30年9月	稲沢市	稲沢市上下水道部	500	115.40	鉄筋コンクリート管
平成30年11月	札幌市	札幌市	700	71.79	鉄筋コンクリート管
令和元年8月	神戸市	神戸市建設局	250	233.6	鉄筋コンクリート管
令和元年10月	前橋市	前橋市公営企業管理者	300	55.8	鉄筋コンクリート管
令和2年3月	横浜市	横浜市環境創造局	250	462.4	鉄筋コンクリート管

◇ 技術保有会社および連絡先

【技術保有会社】日鉄パイプライン＆エンジニアリング株式会社　https://www.nspe.nipponsteel.com

　　　　　　　　Insituform Technologies, Inc.　　　　　　　http://www.insituform.com

【問 合 せ 先】日鉄パイプライン＆エンジニアリング株式会社　TEL 03-6865-6037

　　　　　　　　日本インシチュフォーム協会　　　　　　　　　TEL 03-6865-6900

◇ 審査証明有効年月日

2021 年 3 月 18 日 ～ 2026 年 3 月 31 日

スルーリング工法
〈高強度タイプ〉

◇技術の概要

　スルーリング工法〈高強度タイプ〉は，老朽化した下水道管きょ内に，熱硬化性の樹脂を含浸させた管状ガラス繊維複合不織布からなる高強度の材料を挿入した後，温水で加熱硬化させ，本管を非開削で更生する技術である。高強度タイプの材料は，ガラス繊維複合不織布を使用し，硬化物の性能を向上させたことを特長とする。

　あらかじめ工場で引込用更生材を作製し，本管内に引込挿入する。各挿入方法で材料挿入終了後，既設管に適合するように空気圧で加圧し，更生材内の管底部に温水を循環させるとともに浮力体式シャワーノズルより噴射される温水により管頂部を加熱し更生材を硬化させる。

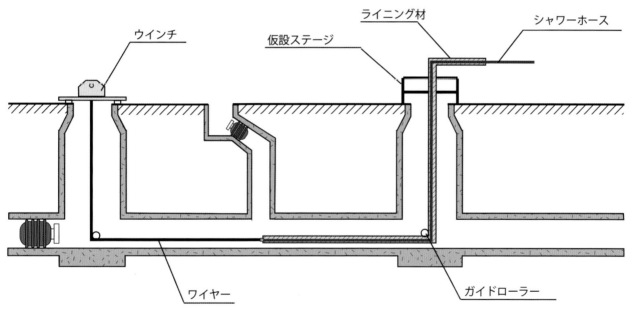

図―1　更生材 管内引込状況

◇技術の特長

　技術の特長を以下に示す。

（1）施工性：次の各条件下で施工できる。

　1）本管引込施工（形成工法）

　　①継手部の段差　30 mm 以下

　　②継手部の隙間 100 mm 以下

　　③継手部の屈曲角　10°以下

　　④部分滞留水　70 mm 以下

　　⑤浸入水　水圧 0.03 MPa，流量 0.5 L/min 以下

（2）耐荷性能：更生管の耐荷性能は，次の試験値である。

　　1）偏平強さまたは外圧強さ

　　　①φ600 mm 以下：「下水道用硬質塩化ビニル管（JSWAS K-1）」と同等以上の偏平強さ

　　　②φ700 mm 以上：「下水道用強化プラスチック複合管（JSWAS K-2）」（2種）と同等以上の外圧
　　　　　　　　　　　強さ

　　2）曲げ強さ

　　　①第一破壊時の曲げ応力度：72 MPa 以上

　　　②第一破壊時の曲げひずみ：0.8 % 以上

　　　③曲げ強さの長期試験値：40 MPa 以上

　　3）曲げ弾性率

　　　①曲げ弾性率の短期試験値：5,900 MPa 以上

　　　②曲げ弾性率の長期試験値：4,000 MPa 以上

（3）耐久性能

　　1）耐薬品性

　　　　更生管は，「浸漬後曲げ試験」において次の試験値である。

　　　①基本試験（8液，23℃）：試験液浸漬28日後の曲げ強さ保持率および曲げ弾性率保持率 80 % 以上

　　　②常温試験（2液，23℃）：試験液浸漬 1 年後の曲げ弾性率保持率 70 % 以上

　　　③促進試験（2液，60℃）：試験液浸漬28日後の曲げ弾性率保持率 70 % 以上

　　　④長期曲げ弾性率の推定：50 年後の長期曲げ弾性率推定値が設計値（換算値）を下回らない。

　　2）耐摩耗性：更生管は，「下水道用硬質塩化ビニル管（JSWAS K-1）」と同等程度の耐摩耗性を有
　　　　する。

　　3）耐ストレインコロージョン性

　　　　更生管は，50 年後の最小外挿破壊ひずみ ≧ 0.45 % かつ JSWAS K-2 で求められる値を下回らない。

　　4）水密性

　　　①本管部：更生管は，0.1 MPa の外水圧および内水圧に耐える水密性を有する。

（4）耐震性能：更生管の耐震性能は，次の試験値である。

　　1）曲げ強さの短期試験値　　 90 MPa 以上

　　2）引張強さの短期試験値　　 60 MPa 以上

　　3）引張弾性率の短期試験値 6,000 MPa 以上

　　4）引張伸び率の短期試験値　 0.6 % 以上

　　5）圧縮強さの短期試験値　　100 MPa 以上

　　6）圧縮弾性率の短期試験値 4,000 MPa 以上

（5）水理性能

　　1）成型後収縮性：更生管は，成型後 1 時間以内には収縮が収まり安定する。

（6）材料特性：樹脂の材料特性は，次の試験値である。

　　1）曲げ強さの短期試験値：100 MPa 以上

　　2）破断時の引張伸び率：2 % 以上

　　3）負荷時のたわみ温度：85℃ 以上

（7）既設管への追従性：更生管は，地盤変位に伴う既設管変位への追従性を有する。

（8）耐高圧洗浄性：更生後の本管は 15 MPa の高圧洗浄に対して剥離・破損がない。

（9）硬質塩化ビニル管への適用性：更生管は，硬質塩化ビニル管への適用が可能である。

◇基準達成型の区分

基準達成型'19-管きょ更生工法（現場硬化管，自立管構造）ガラス繊維有り

◇技術の適用範囲

管　　　種：鉄筋コンクリート管，陶管，硬質塩化ビニル管

管　　　径：本管　呼び径 200〜700 以下

施工延長：本管　呼び径 200〜700 以下　　90 m

◇施工実績（抜粋）

施工年月	施工場所	発注者	管径(mm)	延長(m)	既設管種
令和2年6月	土浦市	土浦市	700	57.65	鉄筋コンクリート管
令和2年9月	前橋市	前橋市	400 450 500	60.65 32.50 5.80	鉄筋コンクリート管 鉄筋コンクリート管 鉄筋コンクリート管
令和3年11月	備前市	備前市	500	59.25	鉄筋コンクリート管
令和5年1月	堺市	公立大学法人大阪	250 300	71.0 94.0	鉄筋コンクリート管 陶管

◇技術保有会社および連絡先

【技術保有会社】有限会社横島，ラック株式会社，株式会社太一

　　　　　　　　株式会社プランナー，岡三リビック株式会社

【問 合 せ 先】スルーリング工法協会　本部事務局　　　　TEL 03-3873-6915

　　　　　　　　　　　　　　　　　東日本事務局　　　　TEL 0436-60-6780

　　　　　　　　　　　　　　　　　中部・関西事務局　　TEL 0749-37-3590

　　　　　　　　　　　　　　　　　西日本事務局　　　　TEL 097-586-3291

◇審査証明有効年月日

2020 年 3 月 17 日〜 2025 年 3 月 31 日

オールライナーZ工法

◇技術の概要

　オールライナーZ工法は，工場で含浸された更生材（ガラス繊維および不織布に熱硬化性樹脂を含浸させたもの）を既設人孔より本管内に引き入れた後，更生材に水圧または空気圧をかけ拡張し，温水または蒸気を循環させ樹脂を硬化形成させることによって，既設管きょ内に新しい管きょを形成する工法である。

　更生材はガラス繊維を配置することで強度を向上させており，また耐酸性ガラス繊維の使用により，酸性雰囲気下での耐久性を向上させている。

●ベースホース
　•外層不透過性フィルム
　•ガラス繊維入りフェルト
　　＋不飽和ポリエステル樹脂

●キャリブレーションホース
　•内層不透過性フィルム
　•内層樹脂含浸フェルト
　　＋ノンスチレンビニルエステル樹脂

既設管

図−1　更生材の構造

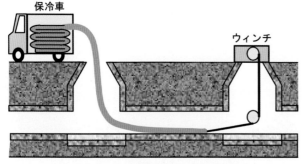

ウィンチによる更生材料の引込状況

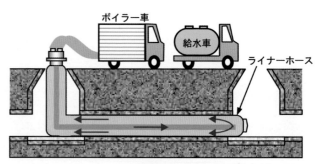

加熱硬化状況

図−2　施工状況

◇技術の特長

　技術の特長を以下に示す。

（1）施工性：次の各条件下で施工できる。

　　①水圧 0.07 MPa，流量 3.8 L/min 以下の浸入水（温水硬化）

　　　水圧 0.05 MPa，流量 2.0 L/min 以下の浸入水（蒸気硬化）

　　②100 mm 以下の部分的滞留水　③屈曲角 10° 以下の継手部

　　④段差 30 mm 以下の継手部　　⑤隙　間 50 mm 以下の継手部

（2）耐荷性能：更生管の耐荷性能は次の試験値である。

　1）偏平強さまたは外圧強さ

　　①呼び径 600 以下 ：「下水道用硬質塩化ビニル管（JSWAS K-1）」と同等以上の偏平強さ

　　②呼び径 700～800：「下水道用強化プラスチック複合管（JSWAS K-2）」（2 種）と同等以上の外圧強さ

　2）曲げ強さ

　　①第一破壊時の曲げ応力度 45 N/mm² 以上　　②第一破壊時の曲げひずみ 0.75 % 以上

　　③曲げ強さの長期試験値 40 N/mm² 以上

　3）曲げ弾性率

　　①曲げ弾性率の短期試験値 6,000 N/mm² 以上　　②曲げ弾性率の長期試験値 4,500 N/mm² 以上

（3）耐久性能

　1）耐薬品性

　　①更生管は，浸漬後曲げ試験において，次の試験値である。

　　　ⅰ．基本試験における曲げ強さおよび曲げ弾性率保持率が 80 % 以上

　　　ⅱ．常温試験における曲げ弾性率保持率が 70 % 以上

　　　ⅲ．促進試験における曲げ弾性率保持率が 70 % 以上

　　　ⅳ．長期曲げ弾性率を推定（50 年後の長期曲げ弾性率推定値が設計値（換算値）2,188 N/mm² を
　　　　下回らない）

　　②更生管は，「下水道用強化プラスチック複合管」（JSWAS K-2)」と同等以上の耐薬品性を有する。

　2）耐摩耗性：更生管は，「下水道用硬質塩化ビニル管（JSWAS K-1)」と同等程度の耐摩耗性を有する。

　3）耐ストレインコロージョン性：更生管は，50 年後の最小外挿破壊ひずみ ≧ 0.45 % かつ JSWAS K-2
　　で求められる値を下回らない。

　4）水密性：更生管は，0.1 MPa の外水圧および内水圧に耐える水密性を有する。

（4）耐震性能：更生管の耐震性能は次の試験値である。

　1）曲げ強さの短期試験値　100 N/mm² 以上　　2）引張強さの短期試験値 45 N/mm² 以上

　3）引張弾性率の短期試験値 5,000 N/mm² 以上　　4）引張伸び率 0.5 % 以上

　5）圧縮強さの短期試験値　90 N/mm² 以上

　6）圧縮弾性率の短期試験値 5,000 N/mm² 以上

（5）水理性能

　1）成形後収縮性：更生管は，成形後 2.5 時間以内に収縮が収まり安定する。

（6）材料特性：樹脂の特性は，次の試験値である。

　1）曲げ強さの短期試験値 100 N/mm² 以上　　2）破断時の引張伸び率 2 % 以上

　3）負荷時のたわみ温度 85℃ 以上

（7）更生管のサンプル試験による強度等：更生管の強度特性は次の試験値である。

　1）曲げ強さの短期試験値　　90 N/mm² 以上

　2）曲げ弾性率の短期試験値 5,400 N/mm² 以上

　3）引張強さの短期試験値　　40 N/mm² 以上

　4）引張弾性率の短期試験値 4,500 N/mm² 以上

　5）圧縮強さの短期試験値　　72 N/mm² 以上

　6）圧縮弾性率の短期試験値 4,000 N/mm² 以上

（8）既設管への追従性：更生管は，地盤変位に伴う既設管への追従性を有する。

（9）硬質塩化ビニル管への適用性：更生材は硬質塩化ビニル管への適用が可能である。

（10）耐高圧洗浄性：更生管は，15 MPa の高圧洗浄で，剥離や破損がない。

◇基準達成型の区分

基準達成型'19−管きょ更生工法（現場硬化管，自立管構造）ガラス繊維有り

◇技術の適用範囲

管　　　種：鉄筋コンクリート管，陶管，硬質塩化ビニル管

管　　　径：呼び径 150〜1,000（鉄筋コンクリート管，陶管）

　　　　　　呼び径 150〜 600（硬質塩化ビニル管）

施工延長： 60 m（呼び径 150）

　　　　　100 m（呼び径 200〜 800）

　　　　　 70 m（呼び径 900〜1,000）

◇施工実績（抜粋）

施工場所		管径（mm）	管種	工区数	施工距離(m)	工期
愛媛県	松山市	φ1000	鉄筋コンクリート管	1	14	H22.1
長崎県	長崎市	φ900	鉄筋コンクリート管	1	66	H24.3
愛知県	名古屋市	φ700	陶管	3	115	H25.8
埼玉県	朝霞市	φ400	硬質塩化ビニル管	1	104	H27.3
宮崎県	西都市	φ250	硬質塩化ビニル管	1	72	H27.3
新潟県	新潟市	φ300	硬質塩化ビニル管	1	29	H28.7
和歌山県	紀の川市	φ200	鉄筋コンクリート管	29	620	H29.2
東京都	品川区	φ450	陶管	1	36	H30.8
広島県	広島市	φ300	鉄筋コンクリート管	1	39	H31.1

◇技術保有会社および連絡先

【技術保有会社】アクアインテック株式会社　　　　　https://www.aquaintec.co.jp/

　　　　　　　　管清工業株式会社　　　　　　　　　https://www.kansei-pipe.co.jp/

【問　合　せ　先】アクアインテック株式会社　管路システム部　TEL 0537-35-0312

　　　　　　　　オールライナー協会　本部事務局　　https://www.all-liner.jp

　　　　　　　　　　　　　　　　　　　　　　　　　TEL 0537-29-7613

◇審査証明有効年月日

2020 年 3 月 17 日〜2025 年 3 月 31 日

オールライナーHM工法

◇技術の概要

　オールライナーHM工法は，老朽化した管きょを非開削で改築する管きょ更生工法であり，熱硬化タイプの形成工法に分類される。更生材は，ガラス繊維と不織布を円筒状に加工した含浸基材に熱硬化性樹脂を含浸させたものである。

　施工は，更生材を開口部より既設管きょ内に引き込み，更生材の内側から水圧または空気圧をかけて拡張し，温水または蒸気を循環させて樹脂を硬化形成させることにより，老朽管の内側に新しい管きょを構築する。

　構築した更生管は優れた強度特性を有するため，流下能力を阻害しない厚さで更生しても，自立管としての耐荷性能を発揮する。また，既設管への追従性を有し，レベルⅡ地震動に対応した耐震設計も可能である。

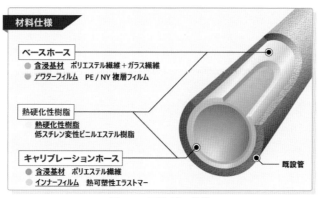

図ー1　更生材の構造

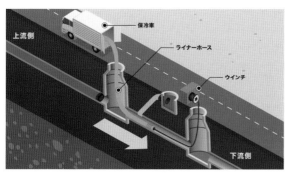

図ー2　施工概要（材料引込工）

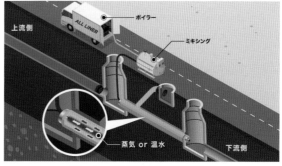

図ー3　施工概要（熱硬化工）

◇技術の特長

技術の特長を以下に示す。

（1）施工性：次の各条件下で施工できる。

　　①屈曲角：10°以下の継手部

　　②段　差：呼び径の10％以下の継手部

③隙　　間：100 mm 以下の継手部

④浸入水：水圧 0.05 MPa，流量 2.0 L/min 以下の浸入水

⑤滞留水：呼び径の 40 ％以下の水深の部分的滞留水

（2）耐荷性能：更生管の耐荷性能は，次の試験値である。

　　1）偏平強さ

　　　「下水道用硬質塩化ビニル管（JSWAS K-1）」と同等以上の偏平強さ

　　2）曲げ強さ

　　　①短期試験値（第一破壊時の曲げ応力度）（管周方向の平板）：100 MPa 以上

　　　②短期試験値（第一破壊時の曲げひずみ）（管周方向の平板）：0.75 ％以上

　　　③長期試験値　　　　　　　　　　　　　（管周方向の更生管）：80 MPa 以上

　　3）曲げ弾性率

　　　①短期試験値（管軸方向の平板および更生管）：4,000 MPa 以上

　　　②長期試験値（管周方向の更生管）　　　　　　：12,000 MPa 以上

（3）耐久性能

　　1）耐薬品性：更生管は，「浸漬後曲げ試験」において，次の試験値である。

　　　ⅰ．基本試験（8液，23 ℃）

　　　　試験液浸漬 28 日後の曲げ強さ保持率および曲げ弾性率保持率：80 ％以上

　　　ⅱ．常温試験（2液，23 ℃）

　　　　試験液浸漬 1 年後の曲げ弾性率保持率　：70 ％以上

　　　ⅲ．促進試験（2液，60 ℃）

　　　　試験液浸漬 28 日後の曲げ弾性率保持率：70 ％以上

　　　ⅳ．長期曲げ弾性率の推定

　　　　50 年後の長期曲げ弾性率推定値が設計値（換算値）を下回らない。

　　2）耐摩耗性：更生管は，下水道用硬質塩化ビニル管（新管）と同等程度の耐摩耗性を有する。

　　3）耐ストレインコロージョン性：更生管は，50 年後の最小外挿破壊ひずみ≧0.45 ％かつ「下水道用強化
　　　プラスチック複合管（JSWAS K-2）」で求められる値を下回らない。

　　4）水密性：更生管は，0.1 MPa の外水圧および内水圧に耐える水密性を有する。

（4）耐震性能：更生管の耐震性能は，次の試験値である。

　　1）曲げ強さ

　　　短期試験値（最大荷重時の曲げ応力度）

　　　　　　　　　　　　（管軸方向の平板および更生管）：80 MPa 以上

　　2）引張強さ

　　　短期試験値（管軸方向の平板および更生管）：60 MPa 以上

　　3）引張弾性率

　　　短期試験値（管軸方向の平板および更生管）：4,000 MPa 以上

　　4）引張伸び率

　　　短期試験値（管軸方向の平板および更生管）：0.5 ％以上

　　5）圧縮強さ

　　　短期試験値（管軸方向の平板および更生管）：50 MPa 以上

　　６）圧縮弾性率

　　　　短期試験値（管軸方向の平板および更生管）：5,000 MPa 以上

（５）水理性能

　　１）成形後収縮性：更生管は，成形後２時間以内に収縮が収まり安定する。

（６）材料特性：更生管に使用する樹脂の材料特性は，次の試験値である。

　　１）曲げ強さの短期試験値：100 MPa 以上

　　２）破断時の引張伸び率：2％以上

　　３）負荷時のたわみ温度：85 ℃以上

（７）既設管への追従性：更生管は，地盤変位にともなう既設管への追従性を有する。

（８）硬質塩化ビニル管への施工性：限られた模擬管きょ条件において，硬質塩化ビニル管に施工ができる。

◇技術の区分名称

基準達成型'21 および開発目標型

管きょ更生工法（現場硬化管，自立管構造）ガラス繊維有り

◇技術の適用範囲

　管　　種：鉄筋コンクリート管，陶管，鋼管，鋳鉄管，強化プラスチック複合管，硬質塩化ビニル管

　管　　径：呼び径 150 ～ 600

　施工延長：100 m（呼び径 200 ～ 600）

　　　　　　　80 m（呼び径 150）

◇技術保有会社および連絡先

【技術保有会社】アクアインテック株式会社　　　　　　　https://www.aquaintec.co.jp/

　　　　　　　　管清工業株式会社　　　　　　　　　　　https://www.kansei-pipe.co.jp/

【問　合　せ　先】アクアインテック株式会社 管路システム部　TEL 0537-35-0312

　　　　　　　　オールライナー協会　　　　　　　　　　TEL 0537-29-7613

◇審査証明有効年月日

2022 年 3 月 16 日 ～ 2027 年 3 月 31 日

パルテムSZ工法

◇技術の概要

　パルテムSZ工法は，強靱なGFRP（Glass Fiber Reinforced Plastics；ガラス繊維強化プラスチック）パイプである SZパイプを，老朽化した下水道管内に非開削で成形して更生する管きょ更生工法である。ライニング材料であるSZライナーは，円筒補強織物の内面に熱可塑性樹脂である被覆材を被覆したベースホースに，熱硬化性樹脂シートと保護クロスを巻きつけた構造であり，全体がカバークロスで覆われている。施工時には，カバークロスに結束したベルトでSZライナーを管内に引き込み，ベースホース内に圧縮空気と蒸気を送り込んで拡張・圧着，および加熱・硬化させ，下水道管内にSZパイプを成形する。施工中は，ベースホース内に引き込んだドレンロープに結束したSZピローを管内で往復させることで，加熱を阻害するドレン水を排出し，硬化性を向上させる。熱硬化性樹脂シートは，耐酸ガラス繊維のチョップドストランドに，熱硬化性の不飽和ポリエステル樹脂を含浸させたシートである。不飽和ポリエステル樹脂は下水道用として耐久性，耐薬品性に優れており，含浸後に増粘させているため取り扱いがしやすく，ライニング中も流出しない。SZパイプ成形後は，熱硬化性樹脂シートが主要な強度を，ベースホースが地盤追従性，耐衝撃性，水密性，耐薬品性，耐摩耗性を担保する。

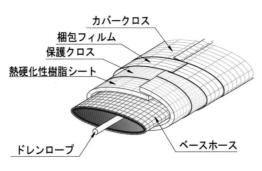

図－1　SZライナー

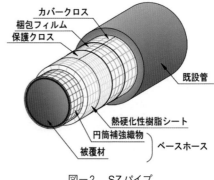

図－2　SZパイプ

◇技術の特長

技術の特長を以下に示す。

（1）施工性：次の各条件下で施工できる。

　　1）段差 30 mm 以下の継手部　　2）曲がり角度 10° 以下で深さ 50 mm 以下の部分滞留水

　　3）隙間 50 mm 以下の継手部　　4）水圧 0.05 MPa 以下，流量 2 L/min 以下の浸入水

（2）耐荷性能：更生管の耐荷性能は，次の試験値である。

　　1）偏平強さおよび外圧強さ

　　　①呼び径 600 以下：「下水道用硬質塩化ビニル管（JSWAS K-1）」と同等以上の偏平強さ

　　　②呼び径 700 以上：「下水道用強化プラスチック複合管（JSWAS K-2）」（2種）と同等以上の基準たわみ外圧および破壊外圧

　　2）曲げ強さ

　　　①第一破壊時の曲げ応力度の短期試験値（平板）：25 MPa 以上

　　　②第一破壊時の曲げひずみの短期試験値（平板）：0.75 ％以上

　　　③曲げ強さの長期試験値（リング）　　　　　：50 MPa 以上

　　3）曲げ弾性率

　　　①曲げ弾性率の短期試験値（平板）：6,700 MPa 以上

　　　②曲げ弾性率の短期試験値（円弧）：5,300 MPa 以上

　　　③曲げ弾性率の長期試験値（リング）：8,500 MPa 以上

（3）耐久性能

　　1）耐薬品性

　　　①更生管は，「浸漬後曲げ試験」において，次の試験値である。

　　　　ⅰ．基本試験（8液，23 ℃）

　　　　　試験液浸漬 28 日後の曲げ強さ保持率および曲げ弾性率保持率：80 ％以上

　　　　ⅱ．常温試験（2液，23 ℃）

　　　　　試験液浸漬 1 年後の曲げ弾性率保持率：70 ％以上

　　　　ⅲ．促進試験（2液，60 ℃）

　　　　　試験液浸漬 28 日後の曲げ弾性率保持率：70 ％以上

　　　　ⅳ．長期曲げ弾性率の推定

　　　　　50 年後の長期曲げ弾性率推定値が設計値（換算値）を下回らない。

　　　②更生管は，「下水道用強化プラスチック複合管（JSWAS K-2）」と同等以上の耐薬品性を有する。

　　　③更生管は，5 時間浸漬後の強度特性が次の試験値である。

　　　　浸漬後の曲げ強さの短期試験値　　（平板）：110 MPa 以上　　（円弧）：80 MPa 以上

　　　　浸漬後の曲げ弾性率の短期試験値（平板）：6,700 MPa 以上　　（円弧）：5,300 MPa 以上

　　2）耐摩耗性

　　　更生管は，下水道用硬質塩化ビニル管（新管）と同等程度の耐摩耗性を有する。

　　3）耐ストレインコロージョン性

　　　更生管は，50 年後の最小外挿破壊ひずみ≧0.45 ％かつ「下水道用強化プラスチック複合管（JSWAS K-2）」で求められる値を下回らない。

　　4）水密性

　　　更生管は，0.1 MPa の内水圧および外水圧に耐える水密性を有する。

（4）耐震性能：更生管の耐震性能は，次の試験値である。

　　1）最大荷重時の曲げ応力度の短期試験値（平板）：110 MPa 以上　　（円弧）：80 MPa 以上

　　2）引張強さの短期試験値　　　　　　　　（平板）：60 MPa 以上　　（円弧）：55 MPa 以上

　　3）引張弾性率の短期試験値　　　　　　　（平板）：6,000 MPa 以上　　（円弧）：5,000 MPa 以上

　　4）引張伸び率の短期試験値　　　　　　　（平板）：0.5 ％以上

　　5）圧縮強さの短期試験値　　　　　　　　（平板）：110 MPa 以上　　（円弧）：100 MPa 以上

　　6）圧縮弾性率の短期試験値　　　　　　　（平板）：6,000 MPa 以上　　（円弧）：4,500 MPa 以上

（5）水理性能

　　1）成形後収縮性

更生管は，成形後 1.5 時間以内に収縮が収まり安定する。

（6）材料特性：更生管に使用する樹脂の材料特性は，次の試験値である。

1）曲げ強さの短期試験値：100 MPa 以上

2）破断時の引張伸び率：2 % 以上

3）負荷時のたわみ温度：85 ℃ 以上

（7）耐 高 圧 洗 浄 性：更生管は，15 MPa の高圧洗浄で，剥離・破損がない。

（8）耐 衝 撃 性：更生管は，耐衝撃性を有する。

（9）既設管への追従性：更生管は，地盤変位にともなう既設管への追従性を有する。

（10）硬質塩化ビニル管への施工性：限られた模擬管きょ条件において，硬質塩化ビニル管に施工ができる。

◇技術の区分名称

基準達成型 '19 および開発目標型

管きょ更生工法（現場硬化管，自立管構造）ガラス繊維有り

◇技術の適用範囲

管　　　種：鉄筋コンクリート管，コンクリート管，陶管，硬質塩化ビニル管

管　　　径：呼び径 150 ～ 800

施工延長：100 m（複数スパン施工可能）

◇施工実績（抜粋）

年度	H3	H4	H5	H6	H7	H8	H9	H10
合計(m)	721	645	28	148	2,284	4,609	22,563	16,002
年度	H11	H12	H13	H14	H15	H16	H17	H18
合計(m)	11,575	13,545	11,684	17,140	23,624	22,237	20,500	21,694
年度	H19	H20	H21	H22	H23	H24	H25	H26
合計(m)	21,415	30,388	32,308	31,626	29,822	29,207	26,444	36,923
年度	H27	H28	H29	H30	R1	R2	R3	R4
合計(m)	44,551	40,688	37,288	46,272	52,416	55,748	60,519	61,337

◇技術保有会社および連絡先

【技術保有会社】芦森工業株式会社　　　　　　　　　https://www.ashimori.co.jp/

　　　　　　　　芦森エンジニアリング株式会社　　　https://www.ashimori.co.jp/ashimori-eng/

【問 合 せ 先】芦森工業株式会社　パルテム営業部　　TEL 03-5823-3042

◇審査証明有効年月日

2022 年 3 月 16 日 ～ 2027 年 3 月 31 日

K-2工法

◇技術の概要

K-2工法は，老朽化した下水本管および取付管を非開削で更生，修繕する技術である。

本管の更生は，本管内に，けん引ライナーを反転機による空気圧で反転先行させ，その内側に連結したライニング材を引き込む工法である。さらにその内側にインライナーを反転挿入した後，空気圧により拡径した状態で温水シャワーにて循環加熱し更生材を硬化させる。ライニング材は強度特性を向上させるため，ポリエステルフェルトにグラスファイバーフェルトを複合させ，熱硬化性の樹脂を含浸したものである。

また，けん引ライナーを用いることにより，段差，曲り，滞留水，浸入水などに影響なくライニング材を挿入することができる。

取付管の修繕は，本管内より取付管接合部を穿孔し，ツバ付き取付管ライニング材を空気圧により反転挿入し，温水にて加圧硬化させる。更生後の本管と取付管とのツバ部は接着マットにて接着させることにより，一体化した水密性を有する更生が可能である。

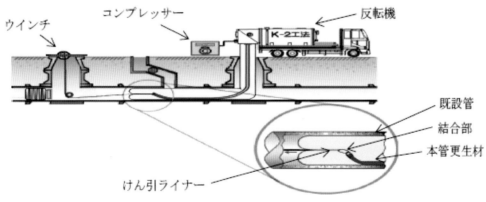

図－1 反転機によるけん引ライナー反転，更生材挿入

◇技術の特長

技術の特長を以下に示す。

（1）施工性：次の各条件下で施工できる。

1）本管

①段差30mm以下の継手部　②隙間100mm以下の継手部　③屈曲角10°以下の継手部

④70mm以下の部分滞留水　⑤水圧0.05MPa，流量2.0L/min以下の浸入水

2）取付管

①段差20mm以下の継手部　②隙間75mm以下の継手部　③屈曲角10°以下の継手部

④曲り角60°以下　⑤水圧0.05MPa，流量0.5L/min以下の浸入水

3）本管と取付管接合部

①隙間20mm以下の継手部　②水圧0.05MPa，流量0.5L/min以下の浸入水

（2）耐荷性能：更生管の耐荷性能は，次の試験値である。

　1）偏平強さ：「下水道用硬質塩化ビニル管（JSWAS K-1）」と同等以上の偏平強さ

　2）曲げ強さ

　　①第一破壊時の曲げ応力度25 MPa 以上

　　②第一破壊時の曲げひずみ0.75 % 以上

　　③曲げ強さの長期試験値40 MPa 以上

　3）曲げ弾性率

　　①曲げ弾性率の短期試験値5,900 MPa 以上

　　②曲げ弾性率の長期試験値3,500 MPa 以上

（3）耐久性能

　1）耐薬品性

　　①浸漬後曲げ試験：更生管の耐薬品性は次の「浸漬後曲げ試験」の数値である。

　　　ⅰ．基本試験：試験液浸漬28日後の曲げ強さ保持率および曲げ弾性率保持率80 % 以上

　　　ⅱ．常温試験：試験液浸漬 1 年後の曲げ弾性率保持率70 % 以上

　　　ⅲ．促進試験：試験液浸漬28日後の曲げ弾性率保持率70 % 以上

　　　ⅳ．長期曲げ弾性率を推定：50年後の長期曲げ弾性率が設計値（換算値）を下回らない。

　　②更生管は，「下水道用強化プラスチック複合管（JSWAS K-2）」と同等以上の耐薬品性を有する。

　2）耐摩耗性：更生管は，「下水道用硬質塩化ビニル管（JSWAS K-1）」と同等程度の耐摩耗性を有する。

　3）耐ストレインコロージョン性：更生管は，50年後の最小外挿破壊ひずみ ≧ 0.45 % かつ JSWAS K-2 で求められる値を下回らない。

　4）水密性

　　①更生後の本管は，0.1 MPa の内水圧および外水圧に耐える水密性を有する。

　　②更生後の本管と取付管更生後の接合部は，0.05 MPa の内水圧および外水圧に耐える水密性を有する。

（4）耐震性能：更生管の耐震性能は，次の試験値である。

　1）曲げ強さの短期試験値　120 MPa 以上

　2）引張強さの短期試験値　 90 MPa 以上

　3）引張弾性率の短期試験値8,600 MPa 以上

　4）引張伸び率の短期試験値　0.5 % 以上

　5）圧縮強さの短期試験値　120 MPa 以上

　6）圧縮弾性率の短期試験値6,300 MPa 以上

（5）水理性能

　1）成形後収縮性：更生管は成形後，1 時間以内に収縮が収まり安定する。

（6）材料特性：更生材に使用する樹脂の材料特性は，次の試験値である。

　　①曲げ強さの短期試験値100 MPa 以上

　　②破断時の引張伸び率　2 % 以上

　　③負荷時のたわみ温度　85℃ 以上

（7）既設管への追従性：更生管は，地盤変位に伴う既設管変位への追従性を有する。

（8）耐高圧洗浄性：更生後の本管および本管と取付管の接合部は，15 MPa の高圧洗浄に対して剥離や破損がない。

◇基準達成型の区分

基準達成型'19−管きょ更生工法（現場硬化管，自立管構造）ガラス繊維有り

◇技術の適用範囲

```
管　　種：陶管，鉄筋コンクリート管，鋳鉄管
管　　径：本　管　呼び径 200〜600
　　　　　取付管　呼び径 150〜200
施工延長：本　管　呼び径 200〜350　120 m
　　　　　　　　　呼び径 400〜600　 80 m
　　　　　取付管　呼び径 150〜200　 13 m
```

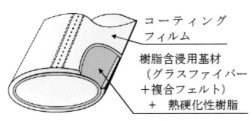

図−2　本管用更生材構造図

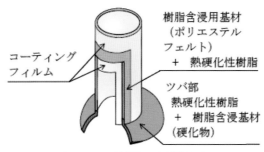

図−3　取付管用更生材構造図

◇施工実績（抜粋）

施工年月	施工場所	工事件名	工事内容
令和2年9月	埼玉県	国立女性教育会館屋外給排水設備改修工事	管更生
令和2年11月	福島県	福島県郡山市下水道管更生工事	管更生
令和3年5月	福島県	下水道災害復旧工事（1工区）	管更生
令和3年5月	福島県	下水道災害復旧工事（2工区）	管更生
令和3年8月	福島県	下水道災害復旧工事（4工区）	管更生
令和3年8月	福島県	下水道災害復旧工事（5工区）	管更生
令和3年8月	福島県	下水道災害復旧工事（6工区）	管更生
令和3年8月	福島県	下水道災害復旧工事（7工区）	管更生
令和3年8月	福島県	下水道災害復旧工事（8工区）	管更生
令和4年9月	福島県	下水道復旧（12工区）工事	管更生
令和5年3月	東京都	日本芸術院会館機械設備改修工事	管更生

◇技術保有会社および連絡先

【技術保有会社】株式会社神尾工業　　　　　http://www.kamio-kogyo.co.jp/
　　　　　　　　株式会社京扇土木テクノロジー　http://www17.plala.or.jp/kdt1/
【問 合 せ 先】K−2工法協会　　　　　　　http://www9.plala.or.jp/k-2kdt/　TEL 0495-71-8930

◇審査証明有効年月日

2020 年 3 月 17 日〜 2025 年 3 月 31 日

下水道管きょの更生工法 ー反転・形成工法ー および取付管の修繕工法

SGICP-G工法

◇技術の概要

SGICP-G工法は，非開削で老朽化した下水道管きょを更生する工法で，本管と取付管を一体的にライニングする技術である。SGICP工法で使用している樹脂吸着材をグラスファイバーフェルトに変えることで，耐久性と強度をさらに向上させたものである。

本工法は，タワー方式と反転機方式による反転工法および引込方式による形成工法で本管ライニング材を既設管内に挿入し施工を行う。ライニング材は工場で既設管下水道管きょの形状に合わせたライナー材を作製し，熱硬化性樹脂を含浸することで製造する。

取付管の施工は，本管と取付管の施工順序を問わず，現場状況に合わせてビフォーライニングとアフターライニングで対応する。ライニング後の本管と取付管の接合部は所定の水密性を持つことができる工法である。

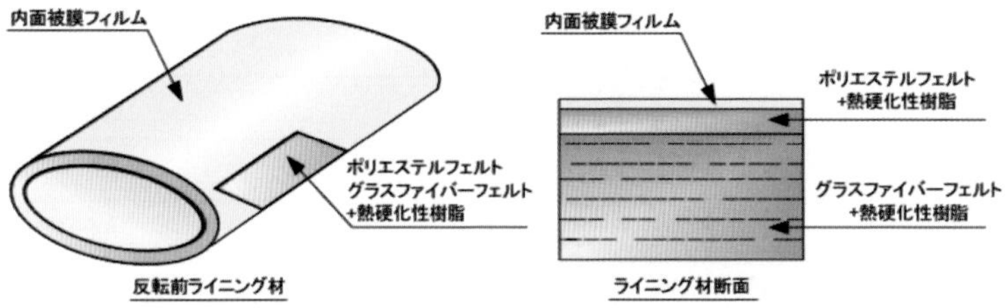

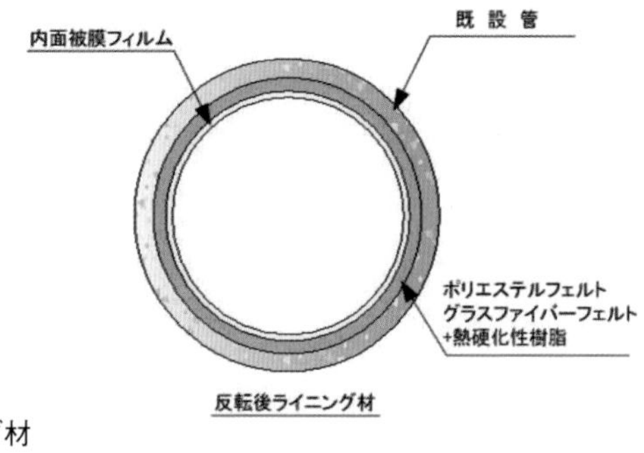

図ー1　本管反転工法用ライニング材

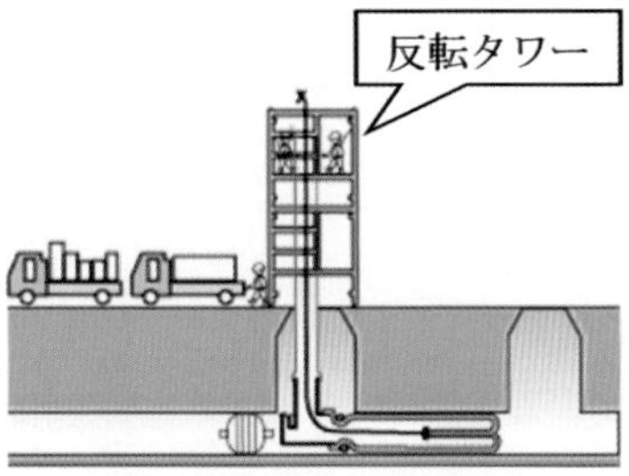

図ー2　タワー方式反転

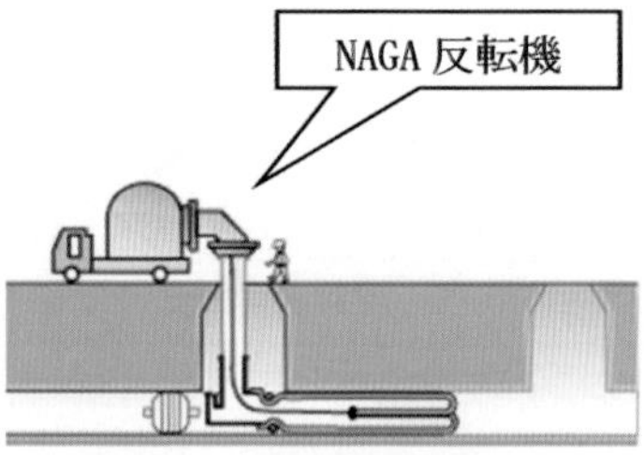

図ー3　反転機方式反転

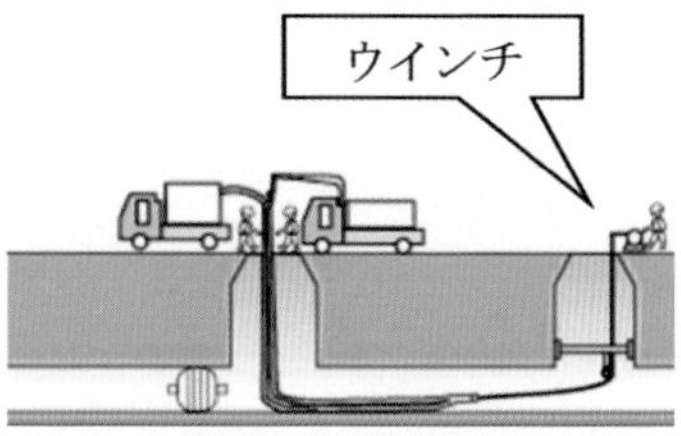

図ー4　引込方式

◇技術の特長

（1）施工性：次の各条件下で施工できる。

1）本管（反転工法・形成工法）

①屈曲角15°以下の継手部

②隙間80 mm以下の継手部（反転工法），120 mm以下の継手部（形成工法）

③段差30 mm以下の継手部

④横ズレ30 mm以下の継手部

⑤一部滞留水50 mm以下の継手部（反転工法），70 mm以下の継手部（形成工法）

⑥水圧0.08 MPa，流量2 L/min以下の浸入水

2）取付管

①施工延長 15 m 以下 　　②45 度曲管，2 箇所

③継手部屈曲角 10°以下の継手部 　　④継手部段差 30 mm 以下の継手部

⑤継手部隙間 75 mm 以下の継手部 　　⑥水圧 0.05 MPa，流量 2 L/min 以下の浸入水

3）本管と取付管の接合部

①ビフォーライニング（取付管，本管の順に施工）

隙間 20 mm 以下 　　浸入水 　水圧 0.05 MPa，流量 2 L/min 以下

②アフターライニング（本管，取付管の順に施工）

隙間 20 mm 以下 　　浸入水 　水圧 0.03 MPa，流量 1 L/min 以下

（2）耐荷性能：更生管の耐荷性能は，次の試験値である。

1）偏平強さまたは外圧強さ

①φ600 mm 以下：「下水道用硬質塩化ビニル管（JSWAS K-1）」と同等以上の偏平強さ

②φ700 mm 以上：「下水道用強化プラスチック複合管（JSWAS K-2）」（2種）と同等以上の外圧強さ

2）曲げ強さ

①長期試験値 45 MPa 以上 　　②第一破壊時の曲げ応力度 70 MPa 以上

③第一破壊時の曲げひずみ 1 ％以上

3）曲げ弾性率

①短期試験値 5,880 MPa 以上 　　②長期試験値 3,500 MPa 以上

（3）耐久性能

1）耐薬品性

①更生管は，「下水道用強化プラスチック複合管（JSWAS K-2）」と同等以上の耐薬品性を有する。

②更生管は，浸漬後曲げ試験において，次の試験値であること。

　ⅰ．基本試験における曲げ強さおよび曲げ弾性率保持率が 80 ％以上

　ⅱ．常温試験における曲げ弾性率保持率が 70 ％以上

　ⅲ．促進試験における曲げ弾性率保持率が 70 ％以上

　ⅳ．長期曲げ弾性率を推定（50 年後の長期曲げ弾性率推定値が設計値（換算値）2,333 MPa を下回らない

2）耐摩耗性：更生管は，「下水道用硬質塩化ビニル管（JSWAS K-1）」と同等程度の耐摩耗性を有する。

3）耐ストレインコロージョン性：更生管は，50 年後の最小外挿破壊ひずみ ≧ 0.45％ かつ JSWAS K-2 で求められる値を下回らない。

4）本管水密性：更生後の本管は，0.1 MPa の内水圧および外水圧に耐える水密性を有する。

5）本管と取付管の接合部の水密性：ライニング後の本管と取付管の接合部は，次の条件に耐える水密性を有する。

①ビフォーライニング（取付管，本管の順に施工）0.2 MPa の内水圧および外水圧

②アフターライニング（本管，取付管の順に施工）0.1 MPa の内水圧および外水圧

（4）耐震性能：更生管の耐震性能は次の試験値である。

1）曲げ強さの短期試験値 　89 MPa 以上 　　2）引張強さの短期試験値 　50 MPa 以上

3）引張弾性率の短期試験値 6,000 MPa 以上 　　4）引張伸び率 0.9 ％以上

5）圧縮強さの短期試験値 　50 MPa 以上 　　6）圧縮弾性率の短期試験値 4,000 MPa 以上

（5）水理性能：更生管は，成形後3時間以内に収縮が収まり安定する。

（6）材料特性：更生管に使用する樹脂の材料特性は，次の試験値である。

    1）曲げ強さの短期試験値 100 MPa 以上

    2）破断時の引張伸び率　2％以上

    3）負荷時のたわみ温度　85℃以上

（7）耐高圧洗浄性：更生後の本管および本管と取付管の接合部は，15 MPa の高圧洗浄で剥離や破損がない。

（8）既設管への追従性：更生管は軸方向変位 1.5 ％および屈曲角 1°の地盤変位に対して既設管への追従性を有する。

（9）硬質塩化ビニル管への適用性：ライニング材は硬質塩化ビニル管への適用が可能である。

◇基準達成型の区分

基準達成型'19－管きょ更生工法（現場硬化管，自立管構造）ガラス繊維有り

◇技術の適用範囲

管　　　種：鉄筋コンクリート管，陶管
管　　　径：反転工法：取付管　呼び径 100〜250
               本　管　呼び径 200〜800
      形成工法：本　管　呼び径 200〜700
施工延長：反転工法：取付管　呼び径 100〜250　　15 m
               本　管　呼び径 200〜800　　70 m
      形成工法：本　管　呼び径 200〜600　　70 m
                   呼び径 700　　　　50 m

◇施工実績（抜粋）

施 工 年 度	本管実績（m）	取付管（箇所）
当初〜平成 30 年度	1,416,487	38,997
令和元年度	28,208	317
令和2年度	25,185	206
令和3年度	17,288	269
令和4年度	16,116	273

◇技術保有会社および連絡先

【技術保有会社】株式会社湘南合成樹脂製作所　http://www.shonan-gousei.co.jp/
【問 合 せ 先】株式会社湘南合成樹脂製作所　TEL 0463-22-0307

◇審査証明有効年月日

2020 年 3 月 17 日〜 2025 年 3 月 31 日

SDライナー工法〈F+VE〉

◇技術の概要

　SDライナー工法＜F+VE＞は，老朽化し損傷や腐食した既設管きょを非開削で，本管単体・取付管単体・本管と取付管を一体的に更生する工法である。

　更生材は，工場にてポリエステル不織布を基材に耐薬品性に優れたビニルエステル樹脂（熱硬化性樹脂）を含浸させ作製したものである。

　既設管の劣化，損傷度，荷重等現場条件を考慮し，更生材の厚みを変えることにより最適な更生材を選択することができる。

　本管の更生材の挿入方法には，反転工法と形成工法があり，様々な現場状況に応じた方法を選択することができる。取付管の更生材の挿入方法は，反転工法のみで本管内の取付管口から反転させるものである。なお，本管と取付管を一体的に更生する場合は，取付管を先に更生し，本管は反転工法にて行う。

　完成した更生管は，耐荷性能，耐震性能，耐久性能，水理性能等を有する工法である。

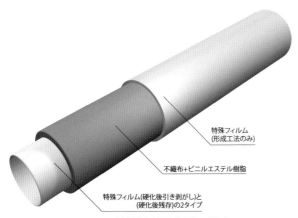

特殊フィルム
（形成工法のみ）

不織布+ビニルエステル樹脂

特殊フィルム（硬化後引き剥がし）と
（硬化後残存）の2タイプ

図－1　材料（本管更生材）の構成

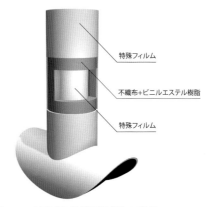

特殊フィルム

不織布+ビニルエステル樹脂

特殊フィルム

図－2　材料（取付管更生材）の構成

写真－1　形成工法施工状況（材料挿入状況）

写真－2　反転工法施工状況（材料挿入状況）

◇技術の特長

技術の特長を以下に示す。

（1）施工性：次の条件下で施工できる。

 1）本管（反転・形成）

  ①屈曲角 10°以下の継手部　②段差 25 mm 以下の継手部　③横ズレ 25 mm 以下の継手部

  ④隙間 100 mm 以下の継手部　⑤100 mm 以下の部分滞留水

  ⑥水圧 0.05 MPa，流量 2 L/min 以下の浸入水

 2）取付管（反転）

  ①曲がり角 45°以下の曲管　②段差 15 mm 以下の継手部　③隙間 50 mm 以下の継手部

  ④水圧 0.05 MPa，流量 2 L/min 以下の浸入水

 3）本管と取付管の接合部の更生（反転）

  ①水圧 0.05 MPa，流量 2 L/min 以下の浸入水

（2）耐荷性能：更生管の耐荷性能は，次の試験値である。

 1）偏平強さ

  呼び径 600 以下：「下水道用硬質塩化ビニル管（JSWAS K-1）」と同等以上の偏平強さ

 2）曲げ強さ

  ①第一破壊時の短期曲げ応用度 25 MPa 以上　②第一破壊時の曲げひずみ 0.75％以上

  ③曲げ強さの長期試験値　8 MPa 以上

 3）曲げ弾性率

  ①曲げ弾性率の短期試験値　（平板）2,800 MPa 以上　（円弧）2,100 MPa 以上

  ②曲げ弾性率の長期試験値　1,500 MPa 以上

（3）耐久性能：更生管の耐久性能は，次の試験値である。

 1）耐薬品性

  ①更生管は，「浸漬後曲げ試験」の耐薬品性を有する。

  ②更生管は，「下水道用強化プラスチック複合管（JSWAS K-2）」と同等以上の耐薬品性を有する。

 2）耐摩耗性：更生管は，下水道用硬質塩化ビニル管（新管）と同等程度の耐摩耗性を有する。

 3）水密性：更生管は，0.1 MPa の内水圧および外水圧に耐える水密性を有する。

 4）耐劣化性：更生管は，50 年後の曲げ強さの推計値が 8 MPa を上回る。（長期曲げ強さと共通）

（4）耐震性能：更生管の耐震性能は，次の試験値である。

 1）曲げ強さの短期試験値　（平板）40 MPa 以上　（円弧）35 MPa 以上

 2）引張強さの短期試験値　25.5 MPa 以上　3）引張弾性率の短期試験値　2,700 MPa 以上

 4）引張伸び率の短期試験値　0.5％以上　5）圧縮強さの短期試験値　70 MPa 以上

 6）圧縮弾性率の短期試験値　2,750 MPa 以上

（5）水理性能：更生管は成型後，2 時間以内に収縮が収まり安定する。

（6）材料特性：ビニルエステル樹脂の材料特性は，次の試験値である。

  ①曲げ強さの短期試験値 100 MPa 以上　②破断時の引張伸び率 2％以上

  ③負荷時のたわみ温度　85 ℃以上

（7）既設管への追従性：更生管は地盤変化にともなう既設管への追従性を有する。

（8）耐高圧洗浄性：更生管は 15 MPa の高圧洗浄で剥離・破損がない。

◇技術の区分名称

基準達成型'20 および開発目標型

管きょ更生工法（現場硬化管，自立管構造）ガラス繊維無し

◇技術の適用範囲

管　　　種：鉄筋コンクリート管，陶管，鋼管，鋳鉄管

管　　　径：本管 呼び径 200 ～ 700，取付管 呼び径 125 ～ 200

施工延長：本管（反転工法）112 m　（形成工法）75 m，取付管 15 m

◇施工実績（抜粋）

施工年度	本管実績（m）	取付管実績（箇所）
1996～2014年度（平成8年～平成26年度）	84,555.2	10,380
2015年度（平成27年度）	5,263.5	410
2016年度（平成28年度）	3,599.0	288
2017年度（平成29年度）	3,603.4	152
2018年度（平成30年度）	3,212.9	118
2019年度（令和元年度）	2,496.5	163
2020年度（令和2年度）	4,577.5	103
2021年度（令和3年度）	4,219.0	218
2022年度（令和4年度）	3,952.9	65
合　　　計	115,479.9	11,897

◇技術保有会社および連絡先

【技術保有会社】管水工業株式会社　　　　https://kansui-kk.com

【問 合 せ 先】管水工業株式会社　　　　TEL 027-329-7373

　　　　　　　　ＳＤライナー工法協会　　https://sd-liner.jp

　　　　　　　　　　　　　　　　　　　　TEL 027-329-7378

◇審査証明有効年月日

2021 年 3 月 18 日～ 2026 年 3 月 31 日

インシチュフォーム工法
〈スタンダードライナー〉

◇ 技術の概要

　インシチュフォーム工法＜スタンダードライナー＞は，管きょの大きさに合わせて筒状に縫製した不織布に，熱硬化性樹脂を含浸し，水圧もしくは空気圧にて既設管きょ内に反転，または引き込みにて挿入後，温水あるいは蒸気にて樹脂を硬化させ，既設管内に新しい管きょを形成する工法である。ライニング材料は，ポリエステル繊維の不織布と不飽和ポリエステル樹脂で構成されている。既設管の劣化・損傷度，流下能力への影響，住宅街などでの住民への臭気対策，荷重条件などを考慮し，現場環境に適した最適なライニング材料を提供する。

表－1　挿入－硬化工法の組み合わせ

工法	反転			形成	
挿入方法	水圧	空気圧		引込み	
硬化方法	温水	蒸気	温水	蒸気	温水
適用管路（優位性）	長距離・曲線・圧力管			短距離・直線・短時間施工	

構造図

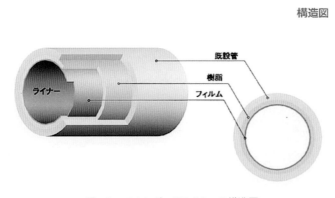

図－1　スタンダードライナーの構造図

写真－1　施工性確認状況（反転工法）

◇ 技術の特長

技術の特長を以下に示す。

（1）施工性：次の各条件下で施工できる。

　　1）反転工法

　　　①水圧 0.08 MPa，流量2L/min 以下の浸入水　②屈曲角10° 以下の継手部

　　　③段差または横ずれ 30 mm 以下の継手部　④隙間 100 mm 以下の継手部

　　　⑤ 100 mm 以下の部分的滞留水

2）形成工法

①水圧 0.05 MPa，流量 2 L/min 以下の浸入水　②屈曲角 10°以下の継手部

③段差または横ずれ 30 mm 以下の継手部　④隙間 100 mm 以下の継手部

⑤50 mm 以下の部分的滞留水

（2）耐荷性能：更生管の耐荷性能は，次の試験値である。

1）偏平強さ

φ600 mm 以下：「下水道用硬質塩化ビニル管（JSWAS K-1）」と同等以上の偏平強さ

2）曲げ強さ

①曲げ強さの長期試験値（平板）30 MPa 以上　②第一破壊時の曲げ応力 25 MPa 以上

③第一破壊時の曲げひずみ 0.75 % 以上

3）曲げ弾性率

①曲げ弾性率の短期試験値（平板）2,500 MPa 以上

②曲げ弾性率の短期試験値（更生管）2,000 MPa 以上

③曲げ弾性率の長期試験値（平板／気中）1,550 MPa 以上

④曲げ弾性率の長期試験値（平板／水中）800 MPa 以上

（3）耐久性能

1）耐薬品性

①更生管は，「下水道用強化プラスチック複合管（JSWAS K-2）」と同等以上の耐薬品性を有する。

②更生管は，浸漬後曲げ試験において，次の試験値である。

ⅰ.基本試験における曲げ強さおよび曲げ弾性率保持率が 80 % 以上

ⅱ.常温試験における曲げ弾性率保持率が 70 % 以上

ⅲ.促進試験における曲げ弾性率保持率が 70 % 以上

ⅳ.50 年後の長期曲げ弾性率推定値が設計値（換算値）968 MPa を下回らない。

2）耐摩耗性：更生管は，下水道用硬質塩化ビニル管（新管）と同等程度の耐摩耗性を有する。

3）水密性：更生管は，0.1 MPa の内水圧および，外水圧に耐える水密性を有する。

4）耐劣化性：更生管は，50 年後の曲げ強度の推計値が 10 MPa を上回る。

（4）耐震性能：更生管の耐震性能は，次の試験値以上である。

1）曲げ強さの短期試験値（平板）50 MPa 以上

2）曲げ強さの短期試験値（更生管）40 MPa 以上　3）引張強さの短期試験値 20 MPa 以上

4）引張弾性率の短期試験値 2,200 MPa 以上　5）引張伸び率の短期試験値 0.5 % 以上

6）圧縮強さの短期試験値 60 MPa 以上　7）圧縮弾性率の短期試験値 2,500 MPa 以上

（5）水理性能

1）成形後収縮性：更生管は成形後，2.5 時間以内に収縮が収まり安定する。

（6）材料特性：樹脂の特性は，次の試験値である。

①曲げ強さの短期試験値 100 MPa 以上　②破壊時の引張伸び率 2 % 以上

③負荷時のたわみ温度 85℃ 以上

（7）既設管との追従性：更生管は，地盤変位にともなう既設管への追従性を有する。

（8）硬質塩化ビニル管への施工性：限られた模擬管きょ条件において，硬質塩化ビニル管に施工できる。

（9）耐高圧洗浄性：更生管は，15 MPa の高圧洗浄で剥離や破損がない。

◇ 技術の区分名称

基準達成型'19 および開発目標型
管きょ更生工法（現場硬化管，自立管構造）ガラス繊維無し

◇ 技術の適用範囲

（1）反転工法

管　　種：鉄筋コンクリート管・陶管・鋼管・鋳鉄管・コルゲート管・硬質塩化ビニル管

管　　径：呼び径 150 〜 1200

施工延長：70 m

（2）形成工法

管　　種：鉄筋コンクリート管・陶管・鋼管・鋳鉄管・硬質塩化ビニル管

管　　径：呼び径 150 〜 600

施工延長：80 m

◇ 施工実績（抜粋）

施 工 年 月	施 工 場 所	発 注 者	管径(mm)	延長(m)	既設管種
平成28年6月	苫小牧市	室蘭建設管理部	600	42.00	コルゲート管
平成29年3月	稲沢市	稲沢市役所	350	170.00	鉄筋コンクリート管
平成29年8月	小千谷市	新潟県地域振興局	700	12.80	鋼管
平成30年9月	苫小牧市	北海道胆振総合振興局	1200	23.00	ダクタイル鉄管
平成31年1月	飯塚市	飯塚市企業局	800	233.20	鋼管
令和元年5月	戸田市	荒川左岸南部下水道事務所	1350	53.0	鉄筋コンクリート管
令和2年1月	仙台市	仙台市	250	326.52	鉄筋コンクリート管

◇ 技術保有会社および連絡先

【技術保有会社】日鉄パイプライン＆エンジニアリング株式会社　　https://www.nspe.nipponsteel.com

　　　　　　　　Insituform Technologies, Inc.　　　　　　　　http://www.insituform.com

【問 合 せ 先】日鉄パイプライン＆エンジニアリング株式会社　　TEL 03-6865-6037

　　　　　　　　日本インシチュフォーム協会　　　　　　　　　TEL 03-6865-6900

◇ 審査証明有効年月日

2021 年 3 月 18 日 〜 2026 年 3 月 31 日

C-ONE工法 Sタイプ

◇技術の概要

　　C-ONE工法Sタイプは，ポリエステルフェルトに熱硬化性樹脂を含浸した更生材を老朽化した下水道本管および取付管に反転挿入し，温水により加熱硬化することで既設管路内にプラスチックパイプを築造し，下水道管きょを更生する技術である。

　　本技術は，本管と取付管の接合部の施工順序にかかわらず，水密性を有する完全一体化した更生管きょの形成が可能である。

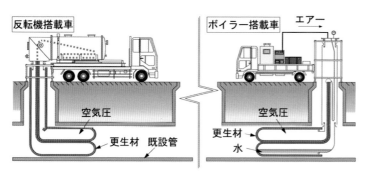

図－1　反転方法

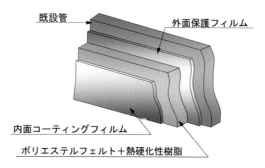

図－2　本管用更生材構造図

◇技術の特長

技術の特長を以下に示す。

（1）施工性：次の各条件下で施工できる。

　　1）本管

　　　①浸入水　水圧 0.03 MPa，流量 2L/min 以下　　②滞留水 50 mm 以下

　　　③管ズレ 30 mm 以下　　④隙間 100 mm 以下　　⑤屈曲 10° 以下

　　2）取付管

　　　①施工延長 20 m 以下　　②浸入水　水圧 0.03 MPa，流量 2L/min 以下

　　　③管ズレ 15 mm 以下　　④隙間 50 mm 以下　　⑤曲管 60° 以内

　　3）本管と取付管接合部

　　　①取付管を本管より先に施工する場合，②取付管を本管より後に施工する場合のいずれにおいても

　　　　ⅰ．浸入水　水圧 0.03 MPa，流量 2L/min 以下　　　ⅱ．隙間 20 mm 以下

（2）耐荷性能：更生管は，次の耐荷性能を有する。

　　1）偏平強さまたは外圧強さ

　　　①φ600 mm 以下：「下水道用硬質塩化ビニル管（JSWAS K-1）」と同等以上の偏平強さ

　　　②φ700 mm 以上：「下水道用強化プラスチック複合管（JSWAS K-2）」（2種）と同等以上の外圧強さ

2）曲げ強さ

①第一破壊時の曲げ応力度 25 MPa 以上　　②第一破壊時の曲げひずみ 0.75 ％以上

③曲げ強さの長期試験値　8 MPa 以上

3）曲げ弾性率

①曲げ弾性率の短期試験値 3,000 MPa 以上　　②曲げ弾性率の長期試験値 2,000 MPa 以上

（3）耐久性能：更生管は，次の耐久性能を有する。

1）耐薬品性

①浸漬後曲げ試験による耐薬品性

　ⅰ．基　本　試　験：試験液浸漬 28 日後の曲げ強さ保持率及び曲げ弾性率保持率 80 ％以上

　ⅱ．常　温　試　験：試験液浸漬 1 年後の曲げ弾性率保持率 70 ％以上

　ⅲ．促　進　試　験：試験液浸漬 28 日後の曲げ弾性率保持率 70 ％以上

　ⅳ．長期曲げ弾性率：50 年後の長期曲げ弾性率が設計値（換算値）を下回らない。

②「下水道用強化プラスチック複合管（JSWAS K-2)」と同等以上の耐薬品性

2）耐摩耗性：「下水道用硬質塩化ビニル管（JSWAS K-1)」と同等程度の耐摩耗性を有する。

3）水　密　性：0.1 MPa の内水圧および外水圧に耐える水密性を有する。

4）耐劣化性：50 年後の曲げ強さの推計値が 8 MPa を上回る。

（4）耐震性能：更生管は，次の耐震性能を有する。

1）曲 げ 強 さ の 短 期 試 験 値　　40 MPa 以上

2）引 張 強 さ の 短 期 試 験 値　　21 MPa 以上

3）引張弾性率の短期試験値 2,500 MPa 以上

4）引 張 伸 び 率 の 短 期 試 験 値　　0.5 ％以上

5）圧 縮 強 さ の 短 期 試 験 値　　90 MPa 以上

6）圧縮弾性率の短期試験値 2,200 MPa 以上

（5）水理性能

1）成形後収縮性：更生管は，成形後 2 時間以内に収縮が収まり安定する。

（6）材料特性：更生材に使用する樹脂は，次の材料特性を有する。

1）曲 げ 強 さ の 短 期 試 験 値 100 MPa 以上

2）破壊時の引張伸び率の試験値　　2 ％以上

3）負荷時のたわみ温度の試験値　　85 ℃以上

（7）接合部の水密性：更生後の本管と取付管の接合部は，次の 1），2）いずれにおいても，0.03 MPa の
　　　　　　　　　　　　　内水圧，外水圧に耐える水密性を有する。

1）取付管を本管より先に施工した場合

2）取付管を本管より後に施工した場合

（8）耐高圧洗浄性：更生後の本管および本管と取付管の接合部は，15 MPa の高圧洗浄に対して剥離や破損
　　　　　　　　　　がない。

（9）既設管への追従性：更生管は，次の複合条件下で地盤変位に伴う既設管への追従性を有する。

1）軸方向引張変位 2 ％

2）屈曲角 2°

3）内水圧 0.1 MPa に耐える水密性

◇ 基準達成型の区分

基準達成型'19－管きょ更生工法（現場硬化管，自立管構造）ガラス繊維無し

◇ 技術の適用範囲

管　　　種：本管陶管，鉄筋コンクリート管，鋳鉄管

　　　　　　取付管　陶管，鉄筋コンクリート管，塩化ビニル管，硬質瀝青管

管　　　径：本　管　呼び径 200～1,100

　　　　　　取付管　呼び径 150～ 200

施工延長：本　管 100 m，取付管 20 m

◇ 施工実績（抜粋）

年　　度	施工場所	工　事　名	管径 (mm)	管厚 (mm)	延長 (m)
2004	栃木県	50 号横断管補修工事	1,100	18.0	135.7
2005	茨城県	17 町単公下第 2 号第 3 処理分区枝線整備工事	200	6.0	211.6
2006	福岡県	両筑平野用水二期福田支線水路堤工区改築工事	900	13.5～16.5	112.0
2007	青森県	浅虫汚水幹線耐震対策第 2 工区工事	600	18.0	240.0
2008	三重県	松阪南郊団地汚水管補修工事	200	3.0	371.0
2009	大阪府	北部ト水道管埋事務所管内下水管渠更生工事	550	18.0	374.5
2010	愛知県	昭和区白金二丁目付近下水道改築工事	700	23.5	132.0
2011	静岡県	湯川・松原処理分区枝線管きょ改築工事	300	7.5	120.5
2012	埼玉県	新河岸第 8-2 処理分区下水道管更生工事	450	12.5	60.5
2013	神奈川県	港南区港南中央通地区下水道改良工事	250	7.0	109.0
2016	埼玉県	28-1 公共富士見（補）管渠長寿命化工事	300	9.5	197.0
2017	大阪府	吹田市公共下水道事業正雀川排水区汚水管路更生工事第 101 工区	250	8.0	377.0
2018	東京都	小門町 35 番地先外下水道長寿命化対策 64-長 5 工事	250	8.0	540.5
2020	三重県	下水管渠更生工事（笹川その 1）	200	7.0	644.5
2021	宮城県	東北大学（青葉山 2）基幹・環境整備（排水設備）工事	300	9.0	317.5
2022	千葉県	下水道施設改良工事（高津戸 4-2）	250	9.0	614.0

◇ 技術保有会社および連絡先

【技術保有会社】大管工業株式会社　　　http://www.daikan-a.com/

　　　　　　　　株式会社大坂組　　　　https://www.osakagumi.co.jp/

【問 合 せ 先】大管工業株式会社　　　TEL 017-726-2100

◇ 審査証明有効年月日

2020 年 3 月 17 日～ 2025 年 3 月 31 日

C-ONE工法 Gタイプ

◇技術の概要

　C-ONE工法Gタイプは，グラスファイバー複合フェルトに熱硬化性樹脂を含浸した更生材を老朽化した下水道本管に反転挿入し，温水により加熱硬化することで既設管路内にプラスチックパイプを築造し，下水道管きょを更生する技術である。

　本技術は，本管と取付管の接合部の施工順序にかかわらず，水密性を有する完全一体化した更生管きょの形成が可能である。

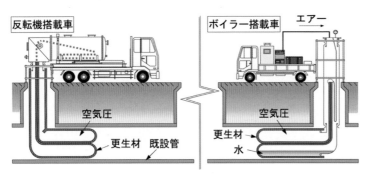

図－1　反転方法

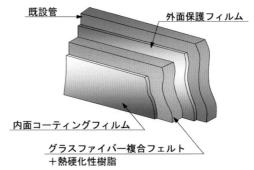

図－2　本管用更生材構造図

◇技術の特長

技術の特長を以下に示す。

（1）施工性：次の各条件下で施工できる。

　　1）本管

　　　①浸入水　水圧 0.03 MPa，流量 2 L/min 以下

　　　②滞留水　50 mm 以下

　　　③管ズレ　30 mm 以下

　　　④隙　間 100 mm 以下

　　　⑤屈　曲　　10° 以下

　　2）本管と取付管接合部

　　　①取付管を本管より先に施工する場合，②取付管を本管より後に施工する場合のいずれにおいても

　　　　ⅰ．浸入水　水圧 0.03 MPa，流量 2 L/min 以下　　　　ⅱ．隙間 20 mm 以下

（2）耐荷性能：更生管は，次の耐荷性能を有する。

　　1）偏平強さまたは外圧強さ

　　　①φ600 mm 以下：「下水道用硬質塩化ビニル管（JSWAS K-1）」と同等以上の偏平強さ

　　　②φ700 mm 以上：「下水道用強化プラスチック複合管（JSWAS K-2）」（2種）と同等以上の外圧強さ

　　2）曲げ強さ

　　　①第一破壊時の曲げ応力度　25 MPa 以上

　　　②第一破壊時の曲げひずみ　　0.75 ％以上

　　　③曲げ強さの長期試験値 40 MPa 以上

　　3）曲げ弾性率

　　　①曲げ弾性率の短期試験値 7,500 MPa 以上

　　　②曲げ弾性率の長期試験値 3,500 MPa 以上

（3）耐久性能：更生管は，次の耐久性能を有する。

　　1）耐薬品性

写真一1　本管施工性立会試験状況

　　　①浸漬後曲げ試験による耐薬品性

　　　　ⅰ．基　本　試　験：試験液浸漬28日後の曲げ強さ保持率及び曲げ弾性率保持率80 ％以上

　　　　ⅱ．常　温　試　験：試験液浸漬 1 年後の曲げ弾性率保持率70 ％以上

　　　　ⅲ．促　進　試　験：試験液浸漬28日後の曲げ弾性率保持率70 ％以上

　　　　ⅳ．長期曲げ弾性率：50年後の長期曲げ弾性率が設計値（換算値）を下回らない。

　　　②「下水道用強化プラスチック複合管（JSWAS K-2）」と同等以上の耐薬品性

　　2）耐摩耗性：「下水道用硬質塩化ビニル管（JSWAS K-1）」と同等程度の耐摩耗性を有する。

　　3）耐ストレインコロージョン性：50年後の最小外挿破壊ひずみ ≧ 0.45 ％ かつ JSWAS K-2で求められ
　　　　る値を下回らない。

　　4）水密性：0.1 MPa の内水圧および外水圧に耐える水密性を有する。

（4）耐震性能：更生管は，次の耐震性能を有する。

　　1）曲げ強さの短期試験値　　130 MPa 以上

　　2）引張強さの短期試験値　　 80 MPa 以上

　　3）引張弾性率の短期試験値 8,000 MPa 以上

　　4）引張伸び率の短期試験値　　0.5 ％以上

　　5）圧縮強さの短期試験値　　150 MPa 以上

　　6）圧縮弾性率の短期試験値 7,000 MPa 以上

（5）水理性能

　　1）成形後収縮性：更生管は，成形後 2 時間以内に収縮が収まり安定する。

（6）材料特性：更生材に使用する樹脂は，次の材料特性を有する。

　　1）曲 げ 強 さ の 短 期 試 験 値 100 MPa 以上

　　2）破壊時の引張伸び率の試験値　　 2 ％以上

　　3）負荷時のたわみ温度の試験値　　85 ℃以上

（7）接合部の水密性：更生後の本管と取付管の接合部は，次の1），2）いずれにおいても，0.03 MPa の
　　　　　　　　　　　　内水圧，外水圧に耐える水密性を有する。

　　1）取付管を本管より先に施工した場合

　　2）取付管を本管より後に施工した場合

（8）耐高圧洗浄性：更生後の本管および本管と取付管の接合部は，15 MPa の高圧洗浄に対して剥離や破損
　　　　　　　　　　がない。

（9）既設管への追従性：更生管は，次の複合条件下で地盤変位に伴う既設管への追従性を有する。

1）軸方向引張変位 2 ％

2）屈曲角 2°

3）内水圧 0.1 MPa に耐える水密性

◇基準達成型の区分

基準達成型'19－管きょ更生工法（現場硬化管，自立管構造）ガラス繊維有り

◇技術の適用範囲

管　　種：陶管，鉄筋コンクリート管，鋳鉄管

管　　径：呼び径 200〜1,100

施工延長：100 m

◇施工実績（抜粋）

年　度	施工場所	工　事　名	管径 (mm)	管厚 (mm)	延長 (m)
2016	三重県	丸之内ほか2町地内下水道管更生工事	300	7.0	9.5
2019	茨城県	埋設配管ライニング工事	300	6.0	38.0
2020	千葉県	下水道施設改良工事（千城台 31-6 工区）	250	5.0	137.5
			300	6.0	213.5
			350	7.0	7.0
			400	9.0	174.0
2020	千葉県	下水道施設改良工事（千城台 2-1 工区）	200	4.0	535.0
			250	5.0	709.0
				6.0	37.5
			400	8.0	136.5
				9.0	150.5
			500	10.0	42.0
				11.0	42.5
2020	茨城県	二次排水配管ライニング工事	250	5.0	11.0
			350	7.0	41.0
2021	千葉県	下水道施設改良工事（北大宮台 3-1）	250	6.0	871.0
				7.0	59.0
2021	茨城県	二次排水埋設管ライニング工事	250	5.0	30.5

◇技術保有会社および連絡先

【技術保有会社】大管工業株式会社　　http://www.daikan-a.com/

　　　　　　　　株式会社大坂組　　　https://www.osakagumi.co.jp/

【問 合 せ 先】大管工業株式会社　　TEL 017-726-2100

◇審査証明有効年月日

2020 年 3 月 17 日 〜 2025 年 3 月 31 日

スルーリング工法
〈スタンダードタイプ〉

◇ 技術の概要

　スルーリング工法〈スタンダードタイプ〉は，老朽化した下水道管きょ内に，熱硬化性の樹脂を含浸させた管状不織布からなる材料を挿入した後，温水で加熱硬化させ，本管を非開削で更生するとともに取付管を修繕する技術である。

　本管の反転施工の場合は，反転ステージを設置し，本管更生材を水頭圧および空気圧を用いて反転挿入する方法と，反転機を使用し空気圧を用いて反転する方法がある。引込施工の場合は，あらかじめ工場で引込用更生材を作製し，本管内に引込挿入する。各挿入方法で材料挿入終了後，既設管に適合するように空気圧で加圧し，更生材内の管底部に温水を循環させるとともに浮力体式シャワーノズルより噴射される温水によって管頂部を加熱し更生材を硬化させる。

　取付管の施工は，本管更生前後にかかわらず，取付管用材料を人孔から本管内に通し，地上に向けて引込挿入または反転挿入した後，ツバ部を圧力バックで本管内壁または本管更生材に押し付け，材料を既設管に適合するように空気圧で加圧し，温水を満水または循環させることにより硬化させる。

　また，取付管と本管の接合部は，取付管修繕と本管更生の施工順序を問わず一体化し，水密性を有する更生が可能である。

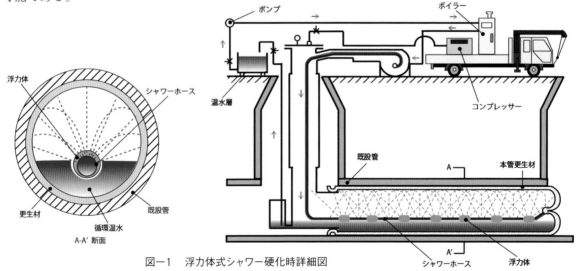

図−1　浮力体式シャワー硬化時詳細図

◇ 技術の特長

技術の特長を以下に示す。

（1）施工性：次の各条件下で施工できる。

　　1）本管反転施工（反転工法）および引込施工（形成工法）

　　　①継手部の段差 30 mm 以下　　②継手部の隙間 100 mm 以下　　③継手部の屈曲角 10° 以下

　　　④部 分 滞 留 水 70 mm 以下　　⑤浸入水　水圧 0.03 MPa，流量 0.5 L/min 以下

　　2）取付管

　　　①施工延長 15 m 以下　　②継手部の段差 20 mm 以下　　③継手部の屈曲角 10°以下

　　　④60°以下の曲管部　　　⑤継手部の隙間 75 mm 以下

　　　⑥浸入水　水圧 0.03 MPa，流量 0.1 L/min 以下

　　3）本管と取付管の接合部

　　　①取付管を本管より前に施工する場合

　　　　ⅰ．隙間 20 mm 以下　　ⅱ．浸入水　水圧 0.03 MPa，流量 0.5 L/min 以下

　　　②取付管を本管より後に施工する場合

　　　　ⅰ．隙間 20 mm 以下　　ⅱ．浸入水　水圧 0.03 MPa，流量 0.5 L/min 以下

（2）耐荷性能：更生管の耐荷性能は次の試験値である。

　　1）偏平強さまたは外圧強さ

　　　①φ600 mm 以下：「下水道用硬質塩化ビニル管（JSWAS K-1）」と同等以上の偏平強さ

　　　②φ700 mm 以上：「下水道用強化プラスチック複合管（JSWAS K-2）」（2種）と同等以上の外圧強さ

　　2）曲げ強さ

　　　①第一破壊時の曲げ応力度 31 MPa 以上　　②第一破壊時の曲げひずみ 0.8 %以上

　　　③長期曲げ強さ 8 MPa 以上

　　3）曲げ弾性率

　　　①曲げ弾性率の短期試験値 2,700 MPa 以上　　②曲げ弾性率の長期試験値 1,900 MPa 以上

（3）耐久性能

　　1）耐薬品性

　　　①更生管は，「浸漬後曲げ試験」において次の試験値である。

　　　　ⅰ．基本試験（8液，23℃）：試験液浸漬28日後の曲げ強さ保持率および曲げ弾性率保持率80%以上

　　　　ⅱ．常温試験（2液，23℃）：試験液浸漬1年後の曲げ弾性率保持率70%以上

　　　　ⅲ．促進試験（2液，60℃）：試験液浸漬28日後の曲げ弾性率保持率70%以上

　　　　ⅳ．長期曲げ弾性率の推定：50年後の長期曲げ弾性率推定値が設計値（換算値）を下回らない。

　　　②更生管は，「下水道用強化プラスチック複合管（JSWAS K-2）」と同等以上の耐薬品性を有する。

　　2）耐摩耗性：更生管は，「下水道用硬質塩化ビニル管（JSWAS K-1）」と同等程度の耐摩耗性を有する。

　　3）水密性

　　　①本管部：更生後の本管は，0.1 MPa の外水圧，内水圧に耐える水密性を有する。

　　　②接合部：更生後の本管と取付管の接合部は，a）取付管を本管より前に施工した場合，b）取付管を本管
　　　　　　　　　より後に施工した場合，それぞれの場合において0.03 MPa の外水圧，内水圧に耐える水密
　　　　　　　　　性を有する。

　　4）耐劣化性：更生管は，50年後の曲げ強さの推定値が 8 MPa を上回る。

（4）耐震性能：更生管の耐震性能は次の試験値である。

　　1）曲げ強さの短期試験値　　40 MPa 以上　　2）引張強さの短期試験値　　21 MPa 以上

　　3）引張弾性率の短期試験値 2,000 MPa 以上　　4）引張伸び率の短期試験値　　0.6 %以上

　　5）圧縮強さの短期試験値　　90 MPa 以上　　6）圧縮弾性率の短期試験 2,700 MPa 以上

（5）水理性能

　　1）成型後収縮性：更生管は，成型後1時間以内には収縮が収まり安定する。

（6）材料特性：樹脂の材料特性は，次の試験値以上である。

　　1）曲げ強さの短期試験値 100 MPa 以上　　　2）破断時の引張伸び率 2 ％以上

　　3）負荷時のたわみ温度 85 ℃以上

（7）既設管への追従性：更生管は，地盤変位に伴う既設管変位への追従性を有する。

（8）耐 高 圧 洗 浄 性：更生後の本管およびその接合部は 15 MPa の高圧洗浄に対して剥離や破損がない。

（9）硬質塩化ビニル管への適用性：更生管は，硬質塩化ビニル管への適用が可能である。

◇基準達成型の区分

基準達成型 '19 – 管きょ更生工法（現場硬化管，自立管構造）ガラス繊維無し

◇技術の適用範囲

管　　　種：鉄筋コンクリート管，陶管，硬質塩化ビニル管

管　　　径：本　管　反転　呼び径 200〜1,200

　　　　　　　　　　　形成　呼び径 200〜　800 未満

　　　　　　取付管　　　呼び径 100〜　200

施工延長：本　管　反転　呼び径 200〜　800 未満　140 m

　　　　　　　　　　　　　呼び径 800〜1,200 未満　　80 m

　　　　　　　　　形成　呼び径 200〜　800 未満　　90 m

　　　　　　取付管　15 m

◇施工実績（抜粋）

施工場所	施工年月	工事名	管径(mm)	施工距離(m)	既設管種
大阪府	R4.2	北部方面管理事務所管内下水道管渠再構築工事	300	118.85	陶管
大阪府	R4.2	令和 3 年度公共下水道第 8 工区管きょ更生工事	250	91.46	陶管
京都府	R4.4	東山排水区田中系統田中里ノ前支線公共下水道管更生工事	250	49.13	陶管

◇技術保有会社および連絡先

【技術保有会社】有限会社横島，ラック株式会社，株式会社太一

　　　　　　　　株式会社プランナー，岡三リビック株式会社

【問 合 せ 先】スルーリング工法協会　本部事務局　　　　　TEL 03-3873-6915

　　　　　　　　　　　　　　　　　　東日本事務局　　　　　TEL 0436-60-6780

　　　　　　　　　　　　　　　　　　中部・関西事務局　　　TEL 0749-37-3590

　　　　　　　　　　　　　　　　　　西日本事務局　　　　　TEL 097-586-3291

◇審査証明有効年月日

2020 年 3 月 17 日〜 2025 年 3 月 31 日

エポフィット工法 EGタイプ

◇技術の概要

　　エポフィット工法EGタイプは，本管を更生する技術である。本技術で使用する更生材料は，ポリエステル不織布にガラス繊維を積層したエポライナーEGに硬化性樹脂としてエポキシ樹脂（エポレジン）を含浸したものである。エポライナーEGを本管反転装置に装着後，人孔内にセットする。水圧で本管内に反転挿入し，温水により加圧硬化させ更生する。これにより，水密性および強度の高い下水道管きょを形成することができる工法である。

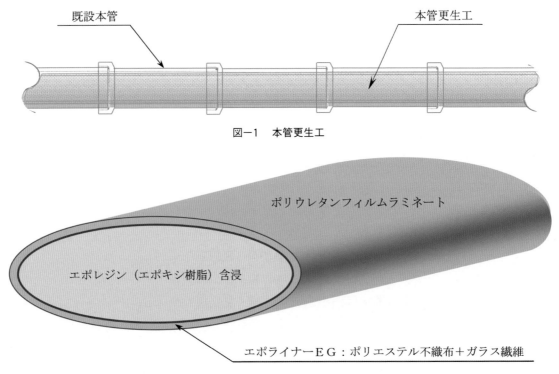

既設本管　　　　　　　　　　本管更生工

図－1　本管更生工

ポリウレタンフィルムラミネート

エポレジン（エポキシ樹脂）含浸

エポライナーEG：ポリエステル不織布＋ガラス繊維

図－2　本管用更生材料：エポライナーEG

◇技術の特長

　　技術の特長を以下に示す。

（1）施工性：次の各条件下で施工ができる。

　　①水圧 0.04 MPa，流量 1.0 L/min 以下の浸入水

　　②50 mm 以下の部分的滞留水

　　③10° 以下の屈曲部

　　④20 mm 以下の段差

　　⑤200 mm 以下の隙間

（2）耐荷性能：更生管の耐荷性能は，次の試験値を有する。

 1）偏平強さ

  「下水道用硬質塩化ビニル管（JSWAS K-1）」と同等以上の偏平強さ

 2）曲げ強さ

  ①曲げ強さの短期試験値

   ⅰ．第一破壊時の曲げ応力度 25 MPa 以上（平板）

   ⅱ．第一破壊時の曲げひずみ 0.75 ％以上（平板）

  ②曲げ強さの長期試験値 30 MPa 以上（更生管）

 3）曲げ弾性率

  ①曲げ弾性率の短期試験値 3,000 MPa 以上（平板）

  ②曲げ弾性率の長期試験値 2,500 MPa 以上（更生管）

（3）耐久性能：更生管は，次の耐久性を有する。

 1）耐薬品性

  「浸漬後曲げ試験」において，浸漬後の曲げ強さ特性が次の試験値を有する。

  ①基本試験（8 液，23℃，28 日浸漬後）における曲げ強さおよび曲げ弾性率保持率が 80 ％以上

  ②常温試験（2 液，23℃，1 年浸漬後）における曲げ弾性率保持率が 70 ％以上

  ③促進試験（2 液，60℃，28 日浸漬後）における曲げ弾性率保持率が 70 ％以上

  ④長期曲げ弾性率を推定（50 年後の長期曲げ弾性率が設計値以上）

 2）耐摩耗性

  「下水道用硬質塩化ビニル管（JSWAS K-1）」と同等程度の耐摩耗性を有する。

 3）耐ストレインコロージョン性

  更生管は，50 年後の最小外挿破壊ひずみ ≧ 0.45％かつ JSWAS K-2 で求められる値を下回らない。

 4）本管水密性

  更生管は，0.1 MPa の外水圧および内水圧に耐える水密性を有する。

（4）耐震性能：更生管の耐震性能は，次の試験値を有する。

 1）曲げ強さの短期試験値　50 MPa 以上（平板）

 2）引張強さの短期試験値　30 MPa 以上（平板）

 3）引張弾性率の短期試験値 2,000 MPa 以上（平板）

 4）引張伸び率の短期試験値　0.5 ％以上（平板）

 5）圧縮強さの短期試験値　40 MPa 以上（平板）

 6）圧縮弾性率の短期試験値 1,000 MPa 以上（平板）

（5）水理性能：更生管は，次の水理性能を有する。

 1）成形後収縮性

  成形後，3 時間以内に収縮が収まり安定する。

（6）材料特性：エポライナーの含浸前における樹脂の材料特性は，次の試験値を有する。

 1）曲げ強さの短期試験値：80 MPa 以上（平板）

 2）破断時の引張伸び率：2.5 ％以上（平板）

 3）負荷時のたわみ温度：70℃以上（平板）

（7）耐高圧洗浄性：更生管は，15 MPa の高圧洗浄で剥離や破損がないこと。

（8）狭所対策施工性：次の条件下で施工ができる。

  ①発進人孔側の地上部最小面積が 180 cm × 180 cm

  ②発進人孔とボイラー車をつなぐ循環ホースの延長が 100 m 以内

（9）既設管への追従性：更生管は，地盤変位に伴う既設管への追従性を有する。

◇基準達成型の区分

基準達成型 '19-管きょ更生工法（現場硬化管，自立管構造）ガラス繊維有り

◇技術の適用範囲

管 種：無筋・鉄筋コンクリート管，陶管，鋼管，鋳鉄管

管 径：本管 呼び径 150～600

施工延長：本管 60 m

◇施工実績（抜粋）

施工場所	（自）	（至）	管　径	延長(m)	件　名
今治市	令和2年 12月23日	令和3年 6月28日	φ400	124.6	単下改第2号 常盤新町線下水道改築工事
松本市	令和4年 8月25日	令和4年 2月10日	φ250 φ500	326.7	令和4年度　公共下水道 北深志排水区管渠更生その2工事
今治市	令和4年 11月22日	令和5年 2月27日	φ200	70.9	唐子台地区公共下水道改築工事(R4-1)
川西市	令和4年 12月15日	令和5年 3月15日	φ200	407.9	向陽台3丁目外地内汚水管渠改築工事 （補第8号工区）（単第15工区）

◇技術保有会社および連絡先

【技術保有会社】四国環境整備興業株式会社 https://shikoku-kankyo.com/

                  TEL 0898-48-1600

【問　合　せ　先】エポフィット工法協会   TEL 0898-48-7077

◇審査証明有効年月日

2020年3月17日～2025年3月31日

Two-Way ライニング工法
〈TWS〉

◇技術の概要

　Two-Wayライニング工法〈TWS〉は，老朽化した下水道管きょ内に，熱硬化性樹脂を含浸させた管状不織布からなる材料により本管の更生および取付管の修繕を行う技術である。

　本管の施工は，施工条件により，水圧を利用して反転させる方法，空気圧を利用して反転する方法，水圧で反転施工後，空気圧反転に切り替える方法の3つの反転方法と，ウインチによって引き込む方法があり，既設管が急こう配であったり，落差のある条件においても施工が可能である。反転後は既設管の大きさに拡径した更生材を温水にて硬化させる。取付管の施工は，取付管内よりツバ付きライニング材を空気圧反転した後，加圧しながら温水で硬化させる。本工法では，安定した硬化を実現するためにサイクルホースの内部のヨレ防止を目的としたスイベルジョイントを使用する。

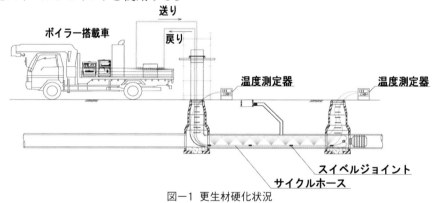

図－1　更生材硬化状況

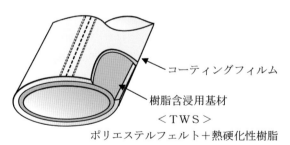

図－2　本管用更生材構造

写真－1　スイベルジョイント

◇技術の特長

技術の特長を以下に示す。

（1）施工性：本技術は，次の条件下で施工できる。

　　1）本管（反転工法，形成工法）

　　　①段　差：30 mm 以下の継手部　　　　　　②隙間：100 mm 以下の継手部

　　　③屈曲角：10°以下の継手部（形成工法は、5°以下の継手部）　　④部分的滞留水：70 mm 以下

　　　⑤水　圧：0.03 MPa，流量 0.5 L/min 以下の浸入水　　　　　⑥勾配落差：5 m 以下

2）取付管

①段　差：20 mm 以下の継手部　　②隙間：75 mm 以下の継手部

③屈曲角：10° 以下の継手部　　④曲管：60° 以下

⑤水　圧：0.03 MPa，流量 0.5 L/min 以下の浸入水

⑥本管と取付管との接合部の隙間 20 mm 以下

（2）耐荷性能：更生管は，次の耐荷性能を有する。

1）偏平強さまたは外圧強さ

①φ600 mm 以下：「下水道硬質塩化ビニル管（JSWAS K-1）」と同等以上の偏平強さ

②φ700 mm 以上：「下水道用強化プラスチック複合管（JSWAS K-2）」（2種）と同等以上の外圧強さ

2）曲げ強さ

①第一破壊時の曲げ応力度 25 MPa 以上

②第一破壊時の曲げひずみ 0.75 % 以上

③曲げ強さの長期試験値 10 MPa 以上

3）曲げ弾性率

①曲げ弾性率の短期試験値 3,000 MPa 以上

②曲げ弾性率の長期試験値 2,000 MPa 以上

（3）耐久性能

1）耐薬品性

①更生管は，「浸漬後曲げ試験」の耐薬品性を有する。

②更生管は，「下水道用強化プラスチック複合管（JSWAS K-2）」と同等以上の耐薬品性を有する。

2）耐摩耗性：更生管は，「下水道用硬質塩化ビニル管（JSWAS K-1）」と同等程度の耐摩耗性を有する。

3）水　密　性：更生管は，0.1 MPa の内水圧および外水圧に耐える水密性を有する。

4）耐劣化性：50年後の曲げ強さの推定値が設計値 10 MPa を上回る。

（4）耐震性能：更生管は，次の耐震性能を有する。

1）曲げ強さの短期試験値（平板および更生管）　　50 MPa 以上

2）引張強さの短期試験値（平板および更生管）　　25 MPa 以上

3）引張弾性率の短期試験値（平板および更生管）3,000 MPa 以上

4）引張伸び率の短期試験値（平板）　　　　　　　　0.5 % 以上

5）圧縮強さの短期試験値（平板および更生管）　　90 MPa 以上

6）圧縮弾性率の短期試験値（平板および更生管）2,500 MPa 以上

（5）水理性能

1）成形後収縮性：更生管は，成形後 1 時間以内に収縮が収まり安定する。

（6）材料特性：更生材に使用する樹脂の材料特性は，次の試験値を有する。

1）曲 げ 強 さ の 短 期 試 験 値 100 MPa 以上

2）破壊時の引張伸び率の試験値　　2 % 以上

3）負荷時のたわみ温度の試験値　　85 ℃ 以上

（7）接合部の水密性：更生後の本管および取付管との接合部は，以下の条件における内水圧および外水圧に耐える水密性を有する。

1）取付管との接合部：0.03 MPa

（8）耐高圧洗浄性：更生後の本管および本管と取付管の接合部は，15 MPa の高圧洗浄に対して，剥離や破損がない。

（9）既設管への追従性：更生管は，次の複合条件下で地盤変動に伴う既設管変位への追従性を有する。

   1）軸方向引張変位 1.5 ％

   2）屈曲角 1°

   3）内水圧 0.10 MPa を加え 3 分間漏水がない。

（10）硬質塩化ビニル管への適用性：更生管は，硬質塩化ビニル管への適用が可能である。

◇ 基準達成型の区分

基準達成型'19–管きょ更生工法（現場硬化管，自立管構造）ガラス繊維無し

◇ 技術の適用範囲

管   種：陶管，鉄筋コンクリート管，鋼管，硬質塩化ビニル管

管   径：本　管　反転工法　呼び径 200〜800

               形成工法　呼び径 200〜800

       取付管　呼び径 150〜200

施工延長：本　管　反転工法　90 m

               形成工法　32 m

       取付管　12 m

◇ 施工実績（抜粋）

施工日	施工場所	工事名	管径	施工数量	備考
R 2.3	福岡市	大岳(西戸崎五丁目)地区下水道築造工事	φ250本管	L=555.3m	本管21路線
R 3.12	富士市	東部処理区566号線ほか管更生工事	φ250本管	L=137.60m	本管 3 路線
R 4.3	熱海市	桃山幹線⑧公共下水道管渠改築工事(その2)	φ300本管	L=107.40m	本管 3 路線

◇ 技術保有会社および連絡先

【技術保有会社】株式会社環境施設　　　　http://two-waylining.com

【問 合 せ 先】Two–Wayライニング工法協会　　TEL 092-894-6168

◇ 審査証明有効年月日

2020 年 3 月 17 日〜 2025 年 3 月 31 日

Two-Way ライニング工法
〈TWG I〉

◇技術の概要

　Two-Wayライニング工法〈TWG I〉は，老朽化した下水道管きょ内に，熱硬化性樹脂を含浸させた管状ガラス複合不織布からなる材料により本管を非開削で更生する技術である。

　本管の施工は，施工条件により，水圧を利用して反転させる方法，空気圧を利用して反転する方法，水圧で反転施工後，空気圧反転に切り替える方法の3つの反転方法と，ウインチによって引き込む方法があり，既設管が急こう配であったり，落差のある条件においても施工が可能である。反転後は既設管の大きさに拡径した更生材を温水にて硬化させる。本工法では，安定した硬化を実現するためにサイクルホースの内部のヨレ防止を目的としたスイベルジョイントを使用する。

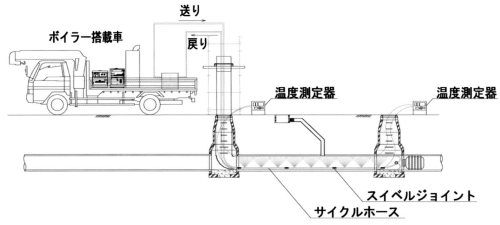

図－1　更生材硬化状況

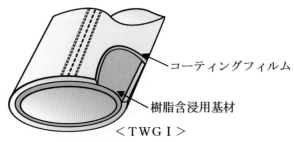

＜TWG I＞

グラスファイバー複合フェルト＋熱硬化性樹脂

図－2　本管用更生材構造

写真－1　スイベルジョイント

◇技術の特長

技術の特長を以下に示す。

（1）施工性：本技術は，次の条件下で施工できる。

　　1）本管（反転工法，形成工法）

　　　①段　差：　30mm 以下の継手部

　　　②隙　間：100mm 以下の継手部

　　　③屈曲角：10°以下の継手部（形成工法は、5°以下の継手部）

　　　④部分的滞留水：70mm 以下

　　　⑤水　圧：0.03MPa，流量 0.5L/min 以下の浸入水

　　　⑥勾配落差：5m 以下（反転工法のみ）

（2）耐荷性能：更生管は，次の試験値である。

　　1）偏平強さまたは外圧強さ

　　　①φ600mm 以下：「下水道硬質塩化ビニル管（JSWAS K-1)」と同等以上の偏平強さ

　　　②φ700mm 以上：「下水道用強化プラスチック複合管（JSWAS K-2)」（2種）と同等以上の外圧強さ

　　2）曲げ強さ

　　　①第一破壊時の曲げ応力度 25MPa 以上

　　　②第一破壊時の曲げひずみ 0.75％ 以上

　　　③曲げ強さの長期試験値 45MPa 以上

　　3）曲げ弾性率

　　　①曲げ弾性率の短期試験値（平　板）8,000MPa 以上

　　　　　　　　　　　　　　　　（更生管）5,000MPa 以上

　　　②曲げ弾性率の長期試験値 3,750MPa 以上

（3）耐久性能

　　1）耐薬品性

　　　①更生管は，「浸漬後曲げ試験」の耐薬品性を有する。

　　　②更生管は，「下水道用強化プラスチック複合管（JSWAS K-2)」と同等以上の耐薬品性を有する。

　　2）耐摩耗性：更生管は，「下水道用硬質塩化ビニル管（JSWAS K-1)」と同等程度の耐摩耗性を有する。

　　3）耐ストレインコロージョン性：更生管は，50年後の最小外挿破壊ひずみ ≧ 0.45％かつ JSWAS K-2 で
　　　　求められる値を下回らない。

　　4）水密性：更生管は，0.1MPa の内水圧および外水圧に耐える水密性を有する。

（4）耐震性能：更生管は，次の耐震性能を有する。

　　1）曲げ強さの短期試験値（平　板）150MPa 以上

　　　　　　　　　　　　　　　（更生管）110MPa 以上

　　2）引張強さの短期試験値（平板および更生管）　90MPa 以上

　　3）引張弾性率の短期試験値（平板および更生管）9,000MPa 以上

　　4）引張伸び率の短期試験値（平板）　　　　　　0.5％ 以上

　　5）圧縮強さの短期試験値（平板および更生管）　150MPa 以上

　　6）圧縮弾性率の短期試験値（平板および更生管）7,500MPa 以上

（5）水理性能

1）成形後収縮性：更生管は，成形後1時間以内に収縮が収まり安定する。

（6）材料特性：更生材に使用する樹脂の材料特性は，次の試験値を有する。

1）曲げ強さの短期試験値：100 MPa 以上

2）破壊時の引張伸び率の試験値：2 % 以上

3）負荷時のたわみ温度の試験値：85℃ 以上

（7）接合部の水密性：更生後の本管および取付管との接合部は，以下の条件における内水圧および外水圧に耐える水密性を有する。

1）取付管との接合部：0.03 MPa

（8）耐高圧洗浄性：更生後の本管および本管と取付管の接合部は，15 MPa の高圧洗浄に対して，剥離や破損がない。

（9）既設管への追従性：更生管は，次の複合条件下で地盤変動に伴う既設管変位への追従性を有する。

1）軸方向引張変位 1.5 %

2）屈曲角 1°

3）内水圧 0.10 MPa を加え3分間漏水がない。

◇基準達成型の区分

基準達成型'19－管きょ更生工法（現場硬化管，自立管構造）ガラス繊維有り

◇技術の適用範囲

管　　　種：陶管，鉄筋コンクリート管，鋼管

管　　　径：本管　反転工法　呼び径 200〜800

　　　　　　　　　形成工法　呼び径 200〜800

施工延長：本管　反転工法　90 m

　　　　　　　　　形成工法　32 m

◇施工実績（抜粋）

施工日	施工場所	工事名	管径	施工数量
H28.5	基山町	久留米基山筑紫野線道路橋梁保全工事	φ600本管	L=30.5m
H29.7	北九州市	東二島北奏増補幹線管渠更生工事	φ600本管	L=134.2m

◇技術保有会社および連絡先

【技術保有会社】株式会社環境施設　　　http://two-waylining.com

【問 合 せ 先】Two-Wayライニング工法協会　　TEL 092-894-6168

◇審査証明有効年月日

2020 年 3 月 17 日〜 2025 年 3 月 31 日

ＳＰＲ－ＳＥ工法

◇技術の概要

　ＳＰＲ－ＳＥ工法は，既設の下水道円形管きょの内側に帯状体の接合用かん合部材（以下，プロファイル）をら旋状に製管し，既設管との間隙に間詰め材を充てんして，新しい自立管きょを構築する更生工法である。

　本技術は，ドラムに巻かれたプロファイルを地上から製管機に送り込み，連続的にかん合して既設管内にら旋管（以下，更生管）を形成し，既設管内側に自立管を構築する。製管方式は２種類あり，牽引式製管方式は，マンホール内に設置した製管機で更生管を形成し，これをウィンチで既設管内に引き込む方式である。自走式製管方式は，既設管内に設置された製管機が自走しながら，更生管を既設管内に形成していく方式である。

　使用するプロファイルは，製管後自立管の強度を発現すべく，あらかじめスチール部材をはめ込んだ硬質塩化ビニル部材である。間詰め材は，既設管と更生管の間隙を充てんすることで，更生管を固定するとともに，スチール部材の防錆性を向上させるものである。

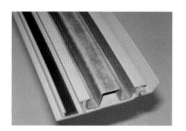
写真－1　プロファイル

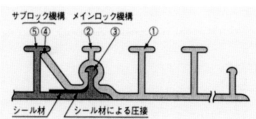

①アイビーム構造リブ部
②メインロック用メス部
③メインロック用オス部
④サブロック用オス部
⑤サブロック用メス部

図－1　プロファイルのかん合機構

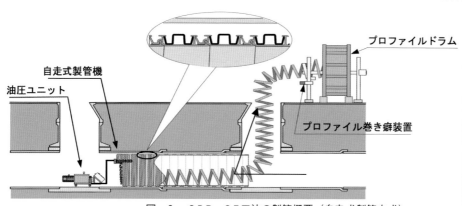
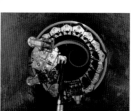

図－2　ＳＰＲ－ＳＥ工法の製管概要（自走式製管方式）

◇技術の特長

技術の特長を以下に示す。

（1）施工性：次の各条件下で施工できる。

　1）牽引式製管

　　①最大段差20 mm（既設管呼び径500以下），25 mm（既設管呼び径600〜900）までの継手部

　　②屈曲角5°までの継手部　　③隙間120 mmまでの継手部

2）自走式製管

　①最大段差 25 mm（既設管呼び径 800 ～ 1,000 および 1,200），35 mm（既設管呼び径 1,100 および 1,350 ～ 1,650）までの継手部

　②屈曲角 5°までの継手部

3）下水供用下の施工（水深：既設管呼び径 30％以下，流速：1.0 m/sec 以下）

4）間詰め材管理値

　①比重　　1.30 以上　　②フロー　300±50 mm

（2）耐荷性能：耐荷性能は，以下の性能である。

1）更生管きょの偏平強さ

　　許容たわみ率（1.5％）時の偏平強さが，**表−1**に示す試験値を有する。

表−1　更生管きょの偏平強さ

プロファイル	既設管径	更生管径	偏平強さ (kN/m)	プロファイル	既設管径	更生管径	偏平強さ (kN/m)
#53RW	φ450	φ410	9.2以上	#78RW	φ1000	φ910	20.4以上
#53RW	φ500	φ460	7.5以上	#78RW	φ1100	φ1000	16.6以上
#62RW	φ600	φ550	14.1以上	#85RW	φ1200	φ1090	29.4以上
#62RW	φ700	φ640	11.1以上	#85RW	φ1350	φ1230	23.0以上
#67RW	φ800	φ730	15.8以上	#97RW	φ1500	φ1360	36.7以上
#67RW	φ900	φ820	12.2以上	#97RW	φ1650	φ1500	30.1以上

2）スチール部材の耐力：スチール部材の耐力は次の試験値を有する。

　　耐力　295MPa 以上

3）スチール部材の引張弾性係数：スチール部材の引張弾性係数は次の試験値を有する。

　　引張弾性係数　190GPa 以上

（3）耐久性能：耐久性能は，以下の性能である。

1）耐薬品性：更生材（硬質塩化ビニル製プロファイル）は，「下水道用硬質塩化ビニル管（JSWAS K-1）2010」と同等以上の耐薬品性を有する。

2）耐摩耗性：更生材（硬質塩化ビニル製プロファイル）は，「下水道用硬質塩化ビニル管（新管）」と同等程度の耐摩耗性を有する。

3）水密性：更生材のかん合部（接合部）は，0.2MPa の外水圧および内水圧に耐える水密性を有する。

4）耐劣化性：スチール部材の繰り返し疲労試験後の耐力は次の試験値を有する。

　　耐力　295MPa 以上

5）接合部引張強さ：ら旋巻管の滑り方向引張強さは，次の試験値を有する。

　　各プロファイル共通 25.0N/cm 以上

　　ら旋巻管の接合面方向接合部引張強さ（牽引嵌合強さ）は，次の試験値を有する。

　　①#53RW　132.0N/cm 以上　②#62RW　200.0 N/cm 以上　③#67RW　200.0 N/cm 以上

　　④#78RW　200.0N/cm 以上　⑤#85RW　200.0 N/cm 以上　⑥#97RW　200.0 N/cm 以上

（4）耐震性能：耐震性能は，以下の性能である。

1）スチール部材の耐力：スチール部材の耐力は次の試験値を有する。

　　耐力　295 MPa 以上

2）スチール部材の引張弾性係数：スチール部材の引張弾性係数は次の試験値を有する。

　　引張弾性係数　190GPa 以上

　　3）水密性

　　　①更生管の許容変位量は，地震時における地震変位にともなう既設管継手部の変位量を上回る。

　　　②更生管は，地震変位にともなう既設管への追従性において，接合部が外れず，かつ水密性を有する。

（5）材料特性：硬質塩化ビニル部材およびシール部材の材料特性は，次の試験値を有する。

　　1）硬質塩化ビニル部材

　　　①引張降伏強さ　37.2MPa 以上　　②引張破断伸び　40％以上

　　　③シャルピー衝撃強さ　40kJ/㎡以上

　　2）シール部材

　　　①長手方向引張強さ　8.8MPa 以上　　②引張破断伸び　300％以上

　　　③デュロメーター硬さ　A56±5　　　④100 ％伸びにおける引張応力　2.0MPa 以上

（6）物理特性：硬質塩化ビニル部材の物理特性は，次の試験値を有する。

　　1）ビカット軟化温度　75℃以上

◇技術の区分名称

開発目標型

◇技術の適用範囲

管　　　種：鉄筋コンクリート管，陶管，鋼管，強化プラスチック複合管，コルゲート管

管　　　径：呼び径 450 〜 1,650

製管方式：牽引式製管方式　呼び径 450 〜 900，自走式製管方式　呼び径 800 〜 1,650

施工延長：100m

◇施工実績（抜粋）

施工年度	都道府県	施工場所	既設管径(mm)	更生管径(mm)	管きょ延長(m)
平成29年	福岡県	北九州市	600	550	61.4
平成30年	茨城県	神栖市	1,500	1,360	116.5
令和元年	愛媛県	新居浜市	□900×900	810	5.0
令和2年	東京都	国立市	1,650	1,500	253.0
令和3年	広島県	福山市	800	730	72.0
累計			累計施工延長　32,951.2 m		

◇技術保有会社および連絡先

【技術保有会社】東京都下水道サービス株式会社　　　　https://www.tgs-sw.co.jp/

　　　　　　　　積水化学工業株式会社　　　　　　　　https://www.eslontimes.com/

　　　　　　　　足立建設工業株式会社　　　　　　　　http://www.adachi-tokyo.co.jp/

【問 合 せ 先】積水化学工業株式会社 管路更生事業部　TEL 03-6748-6494

　　　　　　　　日本ＳＰＲ工法協会　　　　　　　　　TEL 03-5209-0130　　　https://www.spr.gr.jp/

◇審査証明有効年月日

2023 年 1 月 20 日〜 2027 年 3 月 31 日

ＳＰＲ工法

◇技術の概要

　ＳＰＲ工法は，既設の下水道円形管および矩形や馬蹄形などの非円形管の内側に帯状体の接合用かん合部材（以下，プロファイル）をら旋状に製管し，既設管との間隙に充てん材（以下，ＳＰＲ裏込め材）を充てんして，新しい管きょを構築する更生工法である。

　本技術は，ドラムに巻かれたプロファイルを地上から製管機に送り込み，連続的にかん合して既設管内にら旋管（以下，更生管）を形成し，既設管内空断面とほぼ相似形の円形や非円形に製管する。

　製管方式には大きく２種類あり，元押し製管方式は，マンホール内に設置した製管機で製管した更生管を回転させながら既設管内に挿入し，自走製管方式は，既設管内に設置された製管機が自走しながら更生管を管内に構築していく。両方式とも裏込め材は，製管後に充てんする。

　既設管と更生管との間隙にＳＰＲ裏込め材を充てんすることで，既設管と更生管が一体化した複合管が形成される。

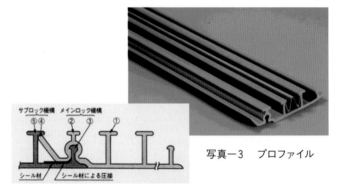

写真－３　プロファイル

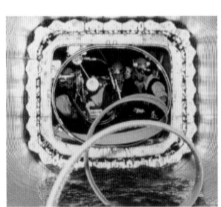

写真－１　ＳＰＲ工法の概要（非円形管の例）

図－１　ＳＰＲ工法の構造図

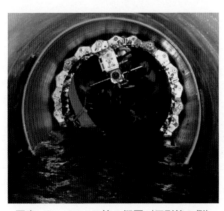

写真－２　ＳＰＲ工法の概要（円形管の例）

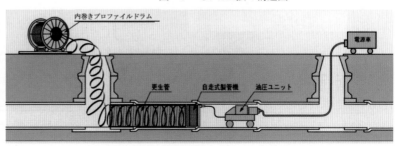

図－２　ＳＰＲ工法の製管システム（自走製管）

◇技術の特長

技術の特長を以下に示す。

（1）施工性：次の各条件下で施工できる。

　　1）元押し製管

　　　①最大段差20mm（既設管呼び径500以下），50mm（既設管呼び径600～1,200），

　　　　100mm（既設管呼び径1,350～1,500）以下の継手部

　　　②屈曲角5°以下の継手部　　③隙間120mm以下の継手部

　　2）自走製管

　　　①最大段差50mm（既設管呼び径1,350以下），90mm（既設管呼び径1,500），

　　　　100mm（既設管呼び径1,650以上）以下の継手部

　　　②曲率半径5D以上の曲がり部（D＝既設管内径（円形管），既設管内幅（非円形管）），および5Dの

　　　　曲率で製管できる屈曲角以下の曲がり部

　　3）下水供用下（水深：既設管径の30％かつ60cm以下，流速：1.0m/s以下）の施工

　　4）既設管内に設置した補強鉄筋内で製管（自走製管）

　　5）既設非円形管に製管（自走製管）しながら嵩上げ部材を設置

（2）耐荷性能

　　1）複合管断面の破壊強度・外圧強さ：SPR複合管は，「下水道用鉄筋コンクリート管（JSWAS A-1）
　　　　2011」等の外圧試験により，新管と同等以上の強度を有し，およびSPR複合管が安全に設計される。

　　2）充てん材の圧縮強度　3）ヤング率

　　　　充てん材の圧縮強度およびヤング率は次の試験値である。

	SPR裏込め材12A	SPR裏込め材21B	SPR裏込め材35A	SPR裏込め材55A	SPR裏込め材21A
圧縮強度	12.0 N/mm²以上	21.0 N/mm²以上	35.0 N/mm²以上	55.0 N/mm²以上	21.0 N/mm²以上
ヤング率	6000 N/mm²以上	6600 N/mm²以上	22000 N/mm²以上	28400 N/mm²以上	6600 N/mm²以上

（3）耐久性能

　　1）接合部引張強さ：ら旋巻管の接合部引張強さは次の試験値である。

	#90S	#87S	#80S	#80SF	#79S	#79SF	#792S	#792SF
すべり方向	25.0 N/cm 以上	28.0 N/cm 以上	35.0 N/cm 以上	35.0 N/cm 以上	37.0 N/cm 以上	37.0 N/cm 以上	39.0 N/cm 以上	39.0 N/cm 以上
管軸方向	70 N/cm 以上	70 N/cm 以上	110 N/cm 以上	110 N/cm 以上	110 N/cm 以上	110 N/cm 以上	130 N/cm 以上	130 N/cm 以上

　　2）耐薬品性：プロファイルは，「下水道用硬質塩化ビニル管（JSWAS K-1）2002」と同等以上の耐薬
　　　　　　　　　品性を有する。

　　3）耐摩耗性：プロファイルは，下水道用硬質塩化ビニル管（新管）と同等程度の耐摩耗性を有する。

　　4）水　密　性：プロファイルのかん合部は，0.2MPaの外水圧および内水圧に耐える水密性を有する。

　　5）一　体　性：既設管と充てん材が界面剥離せず一体性が確保されている。

（4）耐震性能

　　1）水　密　性：SPR複合管は次の条件下で耐震性能を有する。

　　　　　　　　　　更生後の鉄筋コンクリート管の継手部において，地盤の永久ひずみ1.5％による抜け出しお
　　　　　　　　　　よびレベル2地震動を想定した際の地盤沈下による屈曲が同時に生じた場合でも，0.2MPa
　　　　　　　　　　の内水圧および0.15MPaの外水圧に耐える水密性を有する。

（5）材料特性

　1）表面部材：表面部材の材料特性は，次の試験値を有する。

　　①引張降伏強さ 35MPa 以上　②引張破断伸び 40% 以上　③シャルピー衝撃強さ 10kJ/m² 以上

　2）接合部シール材：接合部シール材の材料特性は，次の試験値を有する。

　　①長手方向引張強さ 8.8MPa 以上　②引張破断伸び 300% 以上　③ショア硬さ A56±5

　3）その他の材料：その他材料の材料特性は，次の試験値を有する。

　　i．スチール補強材：①引張降伏強さ　205MPa 以上　②ヤング係数　165GPa 以上

　　ii．鉄筋コンクリート用棒鋼（SD295）：①引張降伏強さ 295MPa 以上　②ヤング係数 190GPa 以上

　　iii．鉄筋コンクリート用棒鋼（SD345）：①引張降伏強さ 345MPa 以上　②ヤング係数 190GPa 以上

（6）物理特性：表面部材の物理特性は，次の試験値を有する。

　1）ビカット軟化温度 75℃ 以上

◇技術の区分名称

基準達成型'18-管きょ更生工法（ら旋巻管，複合管構造）

◇技術の適用範囲

管　　　種：鉄筋コンクリート管，陶管

形　　　状：円形，非円形（卵形，矩形，馬蹄形）

管　　　径：＜円　形　管＞　呼び径 250 ～ 4,750（既設管寸法）

　　　　　　＜非円形管＞　高さ 800 ～ 5,750mm，幅 800 ～ 5,750mm（更生管寸法）

施工延長：元押し製管の場合（円形管）　　60 ～ 100 m

　　　　　自走製管の場合　　（円形管）　200 ～ 500 m

　　　　　自走製管の場合　　（非円形管）200 ～ 500 m

◇施工実績（抜粋）

施工年度	都道府県	施工場所	既設管径(mm)	更生管径(mm)	管きょ延長(m)
H30	高知県	高知市	□4500*4500	□4100*4280	60.00
R2	大阪府	池田市	△2500*2500	△2350*2350	208.50
R3	東京都	北沢幹線	□3590～3620*3600～3660	□3390～3410*3320～3350	284.35
累計			累計総件数　6,797／累計施工延長　1,460,848m		

※無印は円形，□印は矩形，△印は馬蹄形を示す。

◇技術保有会社および連絡先

【技術保有会社】東京都下水道サービス株式会社　　　https://www.tgs-sw.co.jp/

　　　　　　　　積水化学工業株式会社　　　　　　　https://www.eslontimes.com/

　　　　　　　　足立建設工業株式会社　　　　　　　http://www.adachi-tokyo.co.jp/

【問　合　せ　先】積水化学工業株式会社 管路更生事業部　TEL 03-6748-6494

　　　　　　　　日本ＳＰＲ工法協会　　　　　　　　TEL 03-5209-0130　　https://www.spr.gr.jp/

◇審査証明有効年月日

2023 年 3 月 15 日 ～ 2028 年 3 月 31 日

SPR-NX工法

◇技術の概要

　SPR-NX工法は，既設の下水道円形管の内側に帯状体の接合用かん合部材（以下，プロファイル）をら旋状に製管し，既設管との間隙に充てん材（以下，裏込め材）を充てんして，新しい管きょを構築する更生工法である。

　製管工程では，地上のドラムに巻かれたプロファイルを既設管内の製管機に送り込み，管内を自走する製管機により連続的にかん合してら旋管（以下，更生管）を形成する。続く注入工程では，既設管と相似形に製管された更生管と，既設管との間隙に裏込め材を充てんすることで，既設管と更生管が一体化した複合管が形成される。

　本技術は，施工中の流下阻害が従来工法と比べ小さいという特長がある。製管工程では小型の製管機械が用いられるため，機械製管による強固なかん合を担保しながら流下阻害が小さく抑えられる。注入工程では簡易なスペーサーや浮上防止工と高剛性プロファイルとの組み合わせにより，注入圧力による更生管の変形を十分に抑制しながら，流下阻害を低減させる。これにより，施工中の作業員の安全性向上や，急な大雨による更生区間上流側の溢水といったリスクが低減される。

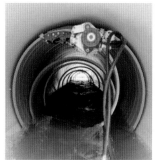

写真－1　製管状況

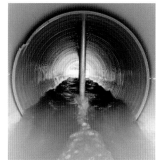

写真－2　浮上防止工

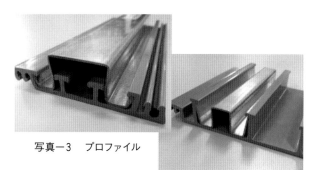

写真－3　プロファイル

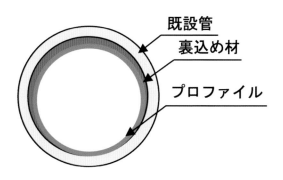

図－1　SPR－NX工法の構造図

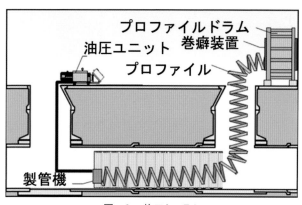

図－2　施工システム

◇技術の特長

技術の特長を以下に示す。

（1）施工性：次の各条件下で施工できる。

 1）最大段差 標準更生径：20 mm 以下の継手部

       流量満足径：50 mm（既設管呼び径 1,000 ～ 1,350），90 mm（既設管呼び径 1,500），

         100 mm（既設管呼び径 1,650 ～ 2,000）以下の継手部

 2）曲がり部

  曲率半径3D以上の曲がり部（D＝既設管内径）および3Dの曲率で製管できる屈曲角以下の曲がり部

 3）下水供用下（水深：既設管径の 30 ％かつ 60cm 以下，流速：1.0 m/sec 以下）の施工

 4）断面阻害率 10 ％以下 ※ただしリンクローラーを用いて施工する場合はこの限りではない。

（2）耐荷性能

 1）複合管断面の破壊強度・外圧強さ：更生後の複合管は，「下水道用鉄筋コンクリート管（JSWAS

          A-1）」の外圧試験により，新管と同等以上の強度を有する。

 2）充てん材の圧縮強度：充てん材の圧縮強度は次の試験値である。

  ①ＮＸ裏込め材：21.0 N/mm² 以上   ②ＳＰＲ裏込め材3号：35.0 N/mm² 以上

  ③ＳＰＲ裏込め材4号：55.0 N/mm² 以上

 3）充てん材のヤング率：充てん材のヤング率は次の試験値である。

  ①ＮＸ裏込め材：6,600 N/mm² 以上 ②ＳＰＲ裏込め材3号：22,000 N/mm² 以上

  ③ＳＰＲ裏込め材4号：28,400 N/mm² 以上

（3）耐久性能

 1）接合部引張強さ：プロファイルの接合部引張強さは，次の試験値である。

  ①接合部引張強さ（すべり方向）：10.0 N/cm 以上

  ②接合部引張強さ（管軸方向）：110.0 N/cm 以上

 2）耐薬品性：プロファイルは，「下水道用硬質塩化ビニル管（JSWAS K-1）」と同等以上の耐薬品性

    を有する。

 3）耐摩耗性：プロファイルは，下水道用硬質塩化ビニル管（新管）と同等程度の耐摩耗性を有する。

 4）水密性：プロファイルのかん合部は 0.2 MPa の外水圧および内水圧に耐える水密性を有する。

 5）一体性：既設管と充てん材が一体化している。

（4）材料特性

 1）表面部材の材料特性：表面部材の材料特性は，次の試験値である。

  ①引張降伏強さ：35 MPa 以上   ②引張破断伸び：40 ％以上

  ③シャルピー衝撃強さ：10 kJ/m² 以上

 2）接合部シール材の材料特性：接合部シール材の材料特性は，次の試験値である。

  ①長手方向引張強さ：1.0 MPa 以上 ②引張破断伸び：170 ％以上 ③ショア硬さ：E33±5 以上

 3）スチール補強材の材料特性：スチール補強材の材料特性は，次の試験値である。

  ①引張降伏強さ：205 MPa 以上 ②ヤング係数：165 GPa 以上

（5）物理特性：表面部材の物理特性は，次の試験値である。

  ①ビカット軟化温度：75 ℃以上

◇技術の区分名称

基準達成型'18 – 管きょ更生工法（ら旋巻管，複合管構造）

◇技術の適用範囲

管　　　　種：鉄筋コンクリート管きょ

形　　　　状：円形

管　　　　径：呼び径　1,000 ～ 2,200（既設管寸法）

標準施工延長：200 m

◇施工実績（抜粋）

年度	都道府県	施工場所	既設管径	更生管径	管きょ延長(m)	発注者
H30	山口県	山口市小群下郷	1500	1360	69.14	山口市
R1	千葉県	印旛沼郡栄町	1000	910	95.7	栄町
R1	大阪府	池田市八王寺	1000,1100	910,1000	441.6	池田市
R1	千葉県	習志野市実花	1000	910	477.8	習志野市
R1	神奈川県	川崎市日進町	1000	910	77.3	川崎市
R1	北海道	函館市五稜郭	1500	1320	138.1	函館市
R2	埼玉県	さいたま市芝川	1000,1350	910,1230	523.1	さいたま市
R2	栃木県	宇都宮市	1200	1100	352.8	宇都宮市
R2	宮城県	岩沼市	1800	1650	70.0	岩沼市
R2	島根県	雲南市	2000	1430	38.5	NEXCO
R2	宮崎県	日向市富島	1800	1500	173.3	日向市
R3	秋田県	秋田市	1350	1270	156.4	秋田市
R3	秋田県	秋田市	1800	1650	567.8	秋田市
R3	宮城県	仙台市長町	1100,1500,1800	1020,1420,1720	406.5	仙台市
R3	宮城県	仙台市長町	1500	1420	331.0	仙台市
R3	宮城県	石巻市	2000	1820	26.0	石巻市
R3	宮城県	岩沼市	1800	1740	146.8	岩沼市

◇技術保有会社および連絡先

【技術保有会社】東京都下水道サービス株式会社　　　　https://www.tgs-sw.co.jp/

　　　　　　　　積水化学工業株式会社　　　　　　　　https://www.eslontimes.com/

　　　　　　　　足立建設工業株式会社　　　　　　　　http://www.adachi-tokyo.co.jp/

【問　合　せ　先】積水化学工業株式会社 管路更生事業部　TEL 03-6748-6494

　　　　　　　　日本ＳＰＲ工法協会　　　　　　　　　TEL 03-5209-0130　　https://www.spr.gr.jp/

◇審査証明有効年月日

2022 年 3 月 16 日 ～ 2027 年 3 月 31 日

ダンビー工法

◇技術の概要

　ダンビー工法は，既設の中大口径下水道管きょの非開削更生工法である。本技術は，既設管きょ内の上部に補強材と充てん材注入ホース挿通の機能をかねたスペーサーを取り付け，マンホールから硬質塩化ビニル製の帯板状部材（以下，ストリップ）を既設の下水道管きょに送り込み，管きょの内面にストリップをら旋状に巻き立てながら，隣り合うストリップ間を接合用かん合部材（以下，SFジョイナー）で，かん合させて連続した管体（以下，ストリップ管）を形成する。さらに，ストリップ管と既設管きょとの間隙に充てん材を注入して，既設管きょと更生材とが一体化した複合管とするものである。なお，本工法は円形，非円形に対応できる。

　更生管の構成図を，**図－1**に示す。

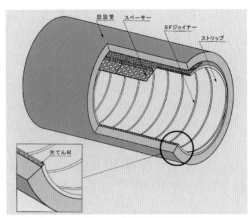

図－1　更生管の構成図

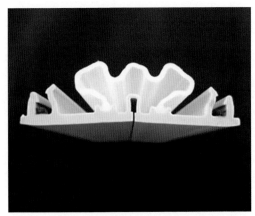

写真－1　L形SFジョイナー

◇技術の特長

技術の特長を以下に示す。

（1）施工性　次の各条件下で施工できる。

条　　件			管きょ形状	
			円形	非円形
①段差			100 mm 以下の継手部	
②隙間			150 mm 以下の継手部	
③屈曲角	標準ストリップ使用時	S形，L形	6°以下の継手部	3°以下の継手部
		LL形，LLS形	8°以下の継手部	4°以下の継手部
	曲線用ストリップ使用時（S形，L形）		12°以下の継手部	6°以下の継手部
④曲率半径	標準ストリップ使用時	S形，L形	20 mR 以上	50 mR 以上
		LL形，LLS形	7 DR（D:既設管呼び径）以上	15BR（B:既設管内幅）以上
	曲線用ストリップ使用時（S形，L形）		5 DR 以上	10 BR 以上
⑤下水供用下の施工			水深：既設管径の30%以下かつ40 cm 以下，流速：1.0 m/sec 以下	
⑥任意位置での部分施工			施工できること	

（2）耐荷性能

1）複合管断面の破壊強度・外圧強さ

①更生管は，「下水道用鉄筋コンクリート管（JSWAS A-1）」等の外圧試験により新管と同等以上の強度を有する，および非円形きょに関しては，更生管が安全に設計される。

②鋼材で補強した円形更生管は，「下水道用鉄筋コンクリート管（JSWAS A-1）」等の外圧試験により新管と同等以上の強度を有する，および非円形きょに関しては，更生管が安全に設計される。

2）充てん材圧縮強度：ダンビー充てん材の圧縮強度は，次の試験値である。

①ダンビー1号　20 N/mm² 以上

②ダンビー2号　20 N/mm² 以上

③ダンビー3号　40 N/mm² 以上

3）充てん材ヤング率：ダンビー充てん材のヤング率は，次の試験値である。

①ダンビー1号　8,000 N/mm² 以上

②ダンビー2号　8,000 N/mm² 以上

③ダンビー3号　11,000 N/mm² 以上

（3）耐久性能

1）接合部引張強さ：ストリップおよびSFジョイナーは，次の接合部引張強さを有する。

①接合面方向4 N/mm 以下でかん合部が外れない。

2）耐薬品性：ストリップおよび SFジョイナーは，「下水道用硬質塩化ビニル管（JSWAS K-1）」と同等以上の耐薬品性を有する。

3）耐摩耗性：ストリップおよび SFジョイナーは，「下水道用硬質塩化ビニル管（JSWAS K-1）」と同等程度の耐摩耗性を有する。

4）水　密　性：更生管は，かん合部で 0.2 MPaの外水圧および内水圧に耐える水密性を有する。

5）一　体　性：既設管きょと充てん材が一体化している。

（4）耐震性

1）水　密　性：更生管は，次の条件下で耐震性を有する。

更生後の鉄筋コンクリート管の継手部に，地盤の永久ひずみ 1.5 ％による軸方向変位 36.5 mm およびレベル 2 地震動を想定した際の地盤沈下による屈曲角 1.0° が同時に生じた場合でも，内水圧 0.2 MPa に耐える水密性を有する。

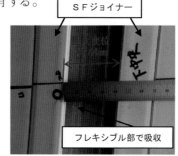

SFジョイナー

フレキシブル部で吸収

写真－2　耐震実験状況（軸方向変位量 36.5 mm，屈曲角 1.0°）

（5）材料特性

1）表面部材：表面部材は，次の材料特性を有する。

①長手方向引張降伏強さ 35 MPa 以上　②引張破断伸び 40 ％以上　③シャルピー衝撃強さ 10 kJ/m² 以上

2）接合部シール材：接合部シール材は，次の材料特性を有する。

①引張強さ 7.8 MPa 以上　②引張破断伸び 420 ％以上　③ショア硬さ HS 45±5

3）その他材料：その他材料は，次の材料特性を有する。

    a）SS400　（スペーサー，鋼製リング）①引張降伏強さ245 N/mm² 以上　②ヤング係数190 GPa 以上

    b）SM490A（鋼製リング）①引張降伏強さ315 N/mm² 以上　②ヤング係数190 GPa 以上

    c）SGHC　（LLS 形ストリップ鋼材）①引張降伏強さ205 N/mm² 以上　②ヤング係数190 GPa 以上

    d）SD295A（鉄筋コンクリート用棒鋼）①引張降伏強さ295 N/mm² 以上　②ヤング係数190 GPa 以上

    e）SD345　（鉄筋コンクリート用棒鋼）①引張降伏強さ345 N/mm² 以上　②ヤング係数190 GPa 以上

（6）物理特性

1）表面部材のビカット軟化温度

表面部材のビカット軟化温度は，75℃以上である。

◇基準達成型の区分

管きょ更生工法（ら旋巻管，複合管構造）

◇技術の適用範囲

管　　種：鉄筋コンクリート管きょ等の剛性管

形　　状：円形，非円形（矩形，馬蹄形，卵形）

管　　径：円　形　呼び径 800～3,000

         非円形　短　辺 800 mm 以上，長辺 3,000 mm 以下

施工延長：制限なし

◇施工実績（抜粋）

年度	発注者	呼び径	施工延長（m）	管種	備考
【円形管】					
R2	北九州市	φ800	248	ヒューム管	管きょ更生工事
R2	玉野市	φ900	551	ヒューム管	汚水管きょ改築工事
R3	高知市	φ1,650	166	ヒューム管	管きょ耐震化工事
R2	さいたま市	φ2,000	108	ヒューム管	下水工事
R3	千葉市	φ2,200	58	ヒューム管	下水道施設改良工事
【矩形きょ】					
R2	福山市	□2,700×1,890	97	現場打ち管	下水道管渠耐震化工事
R2	秋田市	□1,700×1,200	219	現場打ち管	下水道長寿命化工事
R3	福山市	□1,800×1,800	305	現場打ち管	下水道管渠耐震化工事
【馬蹄形きょ】					
R2	池田市	2 R＝2,300	160	現場打ち管	幹線改築工事
R2	広島市	△2,100×1,900	174	現場打ち管	下水改築工事

◇技術保有会社および連絡先

【技術保有会社】株式会社クボタケミックス　　https://www.kubota-chemix.co.jp/

            株式会社クボタ建設　　https://www.kubota-const.co.jp/

            株式会社大阪防水建設社　　https://www.obcc.co.jp/

【問 合 せ 先】EX・ダンビー協会　　TEL 03-6806-7133　　https://www.ex-danby.jp/

◇審査証明有効年月日

2019 年 3 月 15 日～2024 年 3 月 31 日

ＳＷライナー工法

◇ 技術の概要

　ＳＷライナー工法は，硬質塩化ビニル製の帯板（以下，ストリップ）を既設管内にら旋状に巻き立て製管し，既設管との隙間に充てん材を充てんすることにより，管きょを更生する管更生工法である。

　本工法は，マンホールに製管機を設置して，マンホール内でストリップをら旋状に巻き立てつつ，製管しながら既設管内に挿入する。その後，製管された表面部材であるストリップと既設管の間に充てん材を充てんし，既設管きょと更生材が一体化した複合管を形成するものである。

　また，ストリップは，現場条件や地盤等の状況によって使い分けることができ，かん合部に接着剤を塗布することで，強固にかん合している。さらに，充てん材を充てんする際は，支保工（浮上防止工）を設置した施工または管きょ内に支保工を設置しない施工も可能であり，管きょ内作業を減らし，安全性に配慮したものである。

図－1　製管概要

図－2　かん合部概要（接着剤塗布）

写真－1　支保工を設置しない充てん作業

写真－2　支保工を設置した充てん作業

◇ 技術の特長

技術の特長を以下に示す。

（1）施工性：次の各条件下で施工できる。

　　①マンホールふた呼び径 600 の口から機材の搬入・撤去およびマンホール内での製管機組み立て

　　②段差 20 mm 以下の継手部

③屈曲角3°以下の継手部（既設管呼び径 800～1,000 未満）

屈曲角6°以下の継手部（既設管呼び径 1,000～1,800）

④隙間 150 mm 以下の継手部　⑤供用下での施工（水深：管径の 30 ％以下，流速：1.0 m/s 以下）

⑥供用下での充てん時に支保工が不要

（2）耐荷性能

1）複合管断面の破壊強度・外圧強さ：鉄筋コンクリート管（新管）を破壊状態まで載荷後更生した場合，新管と同等以上の強度を有する。

2）充てん材圧縮強度：充てん材は，次の圧縮強度を有する。

①SW1　20.0 N/mm² 以上　②SW1S　20.0 N/mm² 以上　③SW2　20.0 N/mm² 以上

④SW3　40.0 N/mm² 以上　⑤SW4　20.0 N/mm² 以上

3）充てん材ヤング率：充てん材は，次のヤング率を有する。

①SW1　8,000 N/mm² 以上　②SW1S 8,000 N/mm² 以上　③SW2 8,000 N/mm² 以上

④SW3 16,000 N/mm² 以上　⑤SW4　8,000 N/mm² 以上

（3）耐久性能

1）接合部引張強さ

表面部材（ら旋巻管）は，次の接合部引張強さを有する。

①接合部引張強さ（接合面方向）

R5-140-12（R6-140-12）：150 N/cm 以上，C5-140-12（C6-140-12）：300 N/cm 以上，

E5-140-12（E6-140-12）：300 N/cm 以上

②接合部引張強さ（滑り方向）

R5-140-12（R6-140-12）：250 N/cm 以上，C5-140-12（C6-140-12）：500 N/cm 以上，

E5-140-12（E6-140-12）：500 N/cm 以上

2）耐薬品性

表面部材は，「下水道用硬質塩化ビニル管（JSWAS K-1）」と同等以上の耐薬品性能を有する。

3）耐摩耗性

表面部材は，下水道用硬質塩化ビニル管（新管）と同等程度の耐摩耗性能を有する。

4）水密性

①管きょ部は，0.1 MPa の外水圧および内水圧に耐える水密性能を有する。

②表面部材のかん合部は，0.1 MPa の外水圧および内水圧に耐える水密性能を有する。

5）一体性

既設管きょと充てん材が一体化している。

（4）耐震性能

1）水密性（管軸方向の耐震性）

更生後の鉄筋コンクリート管の継手部に，表面部材ごとに想定したレベル2地震動に起因する次の変位が同時に生じた場合でも，0.1 MPa の内水圧に耐える水密性を有する。

表面部材	抜出し量	屈曲角	想定する地震時の変位の根拠
R5-140-12	7.5 mm	0.08°	・レベル2地震動による抜出し量と屈曲角
C5-140-12	36.5 mm	0.40°	・地盤の永久ひずみ 1.5 ％による抜出し量
E5-140-12	36.5 mm	0.40°	・地盤沈下による屈曲角

（5）材料特性・物理特性

1）表面部材：次の材料特性・物理的特性を有する。

①引張弾性係数：2.0 GPa 以上　②長手方向引張降伏強さ：35 MPa 以上

③引張破断伸び：40 ％以上　④シャルピー衝撃強さ：10 kJ/m² 以上

⑤ビカット軟化温度（B50）：75 ℃以上

2）接合部シール材（接着剤）：次の材料特性を有する。

①長手方向引張強さ：0.6 MPa 以上　②引張破断伸び：100 ％以上　③ショア硬さ：A15 以上

3）その他材料（鋼線）：次の材料特性を有する。

①引張降伏強さ：440 MPa 以上　②ヤング係数：200 GPa 以上

◇技術の区分名称

基準達成型 '18-管きょ更生工法（ら旋巻管，複合管構造）

◇技術の適用範囲

管　　　種：鉄筋コンクリート管

管　　　径：呼び径　800 ～ 1800

施工延長：呼び径　800 ～ 1900 未満：240 m 以下　　呼び径 1350 ～ 1500 未満：120 m 以下

呼び径　900 ～ 1000 未満：210 m 以下　　呼び径 1500 ～ 1650 未満：100 m 以下

呼び径 1000 ～ 1100 未満：190 m 以下　　呼び径 1650 ～ 1800 未満：100 m 以下

呼び径 1100 ～ 1200 未満：150 m 以下　　呼び径 1800 ～ 1200 未満：　90 m 以下

呼び径 1200 ～ 1350 未満：130 m 以下　（※片押しによる施工延長）

◇施工実績（抜粋）

年度	発注者	工事名	区分	管径(mm)	延長(m)
令和元年度	愛知県　一宮市役所	奥町地内管更生工事	下水	φ900	108.7
令和元年度	大阪府　守口市役所	下水道管渠耐震化工事第1工区	下水	φ1100	39.3
令和元年度	神奈川県　川崎市役所	戸手その2・1号下水幹線その1工事	下水	φ1500	60.6
令和元年度	宮崎県　延岡市役所	合流幹線管渠改築工事（第7工区）	合流	φ1650	84.1

◇技術保有会社および連絡先

【技術保有会社】岡三リビック株式会社　　　　https://www.okasanlivic.co.jp

日東産業株式会社　　　　　　https://www.nitto-sangyo.co.jp

株式会社シーシーエス

株式会社イーテックサーブ

有限会社横島

【問　合　せ　先】SWライナー工法協会　　　　TEL：03-5782-8950　　URL：http://www.swliner.jp

◇審査証明有効年月日

2021 年 3 月 18 日～ 2026 年 3 月 31 日

ストリング工法

◇技術の概要

　ストリング工法は，老朽化した既設管の内側に主部材である補強リングに高密度ポリエチレン製の表面部材（以下，LFパネル）と表面かん合部材（以下，ファスナー）とで製管後，既設管と表面部材との空隙に充てん材を充てんすることにより，新しい管きょを構築する更生工法である。

　施工方法は，はじめに異形鉄筋を加工した補強リングにポリプロピレン製の接合部材（以下，ロックパーツ）を取付け，既設管きょ内に補強リングを設置する。その後，巻き取られた状態で施工現場に搬入されたLFパネルをマンホールから施工延長に合わせて管軸方向に送り込み，所定の位置に達した後にロックパーツにかん合する。ロックパーツとのかん合が完了したLFパネル同士はファスナーによりかん合し一体化した管体を形成する。ファスナーのかん合が終わった後に，管口の両端部をモルタル等で閉塞し，既設管と表面部材との空隙に充てん材を段階的に注入することにより，既設管と充てん材が一体となった複合管を構築する。

　本工法は，補強リングと表面部材を既設管に組み立てることにより，充てん材注入時の浮力対策や表面部材の変形を抑制するための型枠や支保工を必要としない工法である。

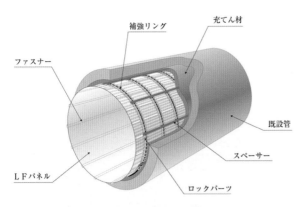

図－1　更生管の構成

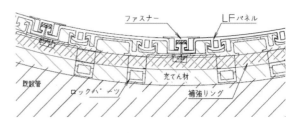

図－2　更生管の構成（詳細）

写真－1　製管工程

写真－2　充てん材注入工程

◇技術の特長

技術の特長を以下に示す。

（1）施工性：次の各条件下で，施工できる。

　1）①屈曲角6°以下の継手部（LFパネルV）　　②屈曲角3°以下の継手部（LFパネルX）

　2）段差20 mm 以下の継手部

　3）隙間150 mm 以下の継手部

　4）管軸中心における曲率半径が15 m 以上の曲線部（LFパネルV）

　5）下水供用下での施工（水深：内空高の17 ％以下かつ最大250 mm，流速：0.6 m/ 秒以下）

（2）耐荷性能

　1）複合管断面の破壊強度・外圧強さ

　　①破壊させた鉄筋コンクリート管に更生した管の強度が，新管と同等以上の強度を有する。

　　②既設管きょの劣化状態等を反映し，更生した管の強度が，新管と同等以上の強度を有する。

　2）充てん材圧縮強度：充てん材圧縮強度は，30 N/mm^2 以上である。

　3）充てん材ヤング率：充てん材ヤング率は，20,000 N/mm^2 以上である。

（3）耐久性能

　1）接合部の接合強さ：LFパネルとロックパーツの接合部の接合強さは，200 N/mm^2 以上である。

　2）耐薬品性：表面部材（LFパネル）および表面かん合部材（ファスナー）は，「下水道用ポリエチレン管（JSWAS K-14）」と同等以上の耐薬品性を有する。

　3）耐摩耗性：LFパネルは，硬質塩化ビニル管（新管）と同等程度の耐摩耗性を有する。

　4）水　密　性：LFパネルやファスナーのかん合部は，0.1 MPa の外水圧および内水圧に耐える水密性を有する。

　5）一　体　性：既設管と充てん材が一体化している。

（4）耐震性能

　1）水密性（管軸方向の耐震性）

　　①継手部の照査：「下水道施設の耐震対策指針と解説（2014年版）」に基づき，継手部の屈曲角および抜け出し量が許容値内である。

　　②複合管は次の条件下で耐震性能を有する。

　　　更生後の鉄筋コンクリート管きょの継手部において，地盤の永久ひずみ 1.5 ％による抜け出し量 36.5 mm およびレベル2地震動を想定した際の地盤沈下による屈曲角 0.4°が同時に生じた場合でも，0.1 MPa の内水圧に耐える水密性を有する。

（5）材料特性

　1）表面部材：表面部材は，次の材料特性の試験値を有する。

　　①長手方向引張降伏強さ：15 MPa 以上　　②引張破断伸び：300 ％以上

　2）接合部シール材：接合部シール材は，次の材料特性の試験値を有する。

　　①長手方向引張強さ：3MPa 以上　　②引張破断伸び：700 ％以上　　③ショア硬さ：A25±10

　3）その他材料（補強リング）：補強リングは，次の材料特性の試験値を有する。

　　①引張降伏強さ：345 N/mm^2 以上　　②ヤング係数：200 kN/mm^2 以上

（6）物理特性

　1）表面部材のビカット軟化温度：100 ℃以上である。

◇技術の区分名称

基準達成型'18−管きょ更生工法（組立管，複合管構造）

◇技術の適用範囲

管　　　種：鉄筋コンクリート管

形　　　状：円形，矩形

管　　　径：

	円　形	矩　形
ＬＦパネルＶ	呼び径 800 ～ 2000	短辺　800 mm以上 長辺　5000 mm以下
ＬＦパネルＸ	呼び径 1500 ～ 2000	——
ＬＦパネルＱ	呼び径 1350 ～ 2000 の内径拡大時， および定形サイズ以外の管きょ	既設矩形きょの短辺や 長辺の寸法に応じて適宜

施工延長：300 m

◇施工実績（抜粋）

施工場所	既設管径(mm)	施工延長(m)	施工年月
群馬県	1000	145.8	2019年 1 月
宮城県	900	128.2	2019年11月
群馬県	1500	133.1	2020年 2 月
宮城県	□2100×2100	155.1	2020年 3 月
群馬県	□2400×1920	90.9	2020年 3 月
京都府	1439	137.0	2020年 5 月
宮崎県	1650	121.8	2020年 6 月
群馬県	1200	105.3	2020年12月
栃木県	□2700×2700	103.3	2021年 2 月
群馬県	1100	128.4	2021年 2 月
栃木県	□2700×2700	103.3	2021年 2 月
千葉県	□3000×2500	109.0	2021年 7 月
群馬県	1500	135.0	2021年11月
香川県	1050	110.0	2021年 2 月
千葉県	□3000×2500	155.7	2022年11月
熊本県	2000	64.4	2023年 1 月
岡山県	1350	67.7	2023年 3 月

◇技術保有会社および連絡先

【技術保有会社】タキロンシーアイシビル株式会社　　　　https://www.tc-civil.co.jp/

【問　合　せ　先】タキロンシーアイシビル株式会社　　本　　社　TEL 06-6453-9270

　　　　　　　　　　　　　　　　　　　　　　　　　　東京支店　TEL 03-5463-8501

◇審査証明有効年月日

2022 年 3 月 16 日～ 2027 年 3 月 31 日

パルテム・フローリング工法

◇技術の概要

　パルテム・フローリング工法は，老朽化した下水道管きょ内で組み立てた鋼製リングに高密度ポリエチレン製のかん合部材と表面部材を組み付けて更生管を構築し，更生管と既設管の隙間に充填材を注入して下水道管きょの更生を行う技術である。

　施工に当たっては，既設管の内径に応じて精密に加工した鋼製リングをマンホールから既設管内に搬入し，ボルトとナットを用いて組み立て固定する。次に，組み立てられた鋼製リングに，シール材を装着したかん合部材と表面部材を順次組み付ける。最後に，既設管と表面部材の隙間に充填材を注入し更生管を構築する。また，支保工を必要とせず，特別な製管装置を用いることなく供用下での人力施工が可能な工法である。本技術の概要図を図ー1に，施工管の断面図を図ー2に示す。

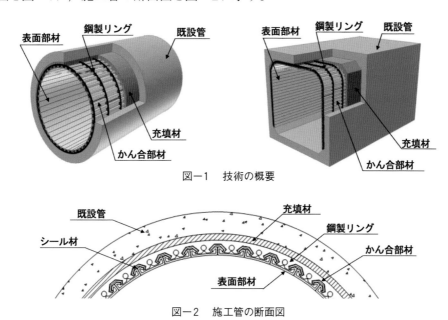

図ー1　技術の概要

図ー2　施工管の断面図

◇技術の特長

技術の特長を以下に示す。

（1）施工性

　　次の各条件下で，製管装置を用いることなく施工できる。

　1）次の継手部等において施工ができる。

　　①段差

　　　i．円形の場合：段差12 mm ～ 125 mm（管径等により値は異なる）

　　　ii．非円形の場合：段差10 mm ～ 128 mm（管径等により値は異なる）

　　②屈曲角12°以下　　③内法曲率半径3.6 m以上　　④隙間200 mm以下

2）高さ 20 mm の勾配調整が可能である。

3）次の各条件で，下水供用下の施工ができる。

　①水深 30 cm 以下（管内水替え）

　②水深 60 cm 以下および流速 0.12 m/sec 以下（既設管きょの高さが 1,500 mm 以上，半川締切り）

（2）耐荷性能

1）複合管断面の破壊強度・外圧強さ：破壊させた鉄筋コンクリート管および減肉させた鉄筋コンクリート管を更生した管の強度は，新管と同等以上の強度である。

　①円　形　管：施工後の鉄筋コンクリート管きょは，新管と同等以上の強度を有する。

　②非円形管：施工後の鉄筋コンクリート管きょは，新管と同等以上の強度を有し，施工管きょが安全に設計される。

2）充填材の圧縮強度：充填材の圧縮強度は，次の試験値を有する。

　①フローリングモルタル1号：24 N/mm² 以上

　②フローリングモルタル2号：40 N/mm² 以上

　③フローリングモルタル3号：24 N/mm² 以上

3）充填材のヤング率：充填材のヤング率は，次の試験値を有する。

　①フローリングモルタル1号：15,000 N/mm² 以上

　②フローリングモルタル2号：20,000 N/mm² 以上

　③フローリングモルタル3号：15,000 N/mm² 以上

（3）耐久性能

1）接合部の接合強さ：接合部の接合強さは，0.01 MPa 以上である。

2）耐薬品性：表面部材は，「下水道用ポリエチレン管（JSWAS K-14）」と同等以上の耐薬品性を有する。

3）耐摩耗性：表面部材は，下水道用硬質塩化ビニル管（新管）と同等程度の耐摩耗性を有する。

4）水　密　性：表面部材かん合部は，0.1 MPa の内水圧および外水圧に耐える水密性を有する。

5）一　体　性：既設管きょと充填材が一体化している。

（4）耐震性能：複合管は，次の条件下で耐震性能を有する。

　　更生後の鉄筋コンクリート管の継手部に，地盤の永久ひずみ 1.5 ％による抜け出し量 36.5 mm およびレベル2地震動を想定した際の地盤沈下による屈曲角 1.0° が同時に生じた場合でも，0.1 MPa の内水圧に耐える水密性を有する。

（5）材料特性

1）表面部材：表面部材の材料特性は，次の試験値を有する。

　①長手方向引張降伏強さ：15 MPa 以上　　②引張破断伸び：300 ％以上

2）接合部シール材：接合部シール材の材料特性は，次の試験値を有する。

　①長手方向引張強さ：1 MPa 以上　　②引張破断伸び：200 ％以上　　③ショア硬さ：A25±10

3）その他材料（鋼製リング）：鋼製リングの材料特性は，次の試験値を有する。

　①引張降伏強さ：245 MPa 以上　　②ヤング係数：200 GPa 以上

（6）物理特性

1）表面部材の物理特性は，次の試験値を有する。

　①ビカット軟化温度：100 ℃以上

◇技術の区分名称

基準達成型'18–管きょ更生工法（組立管，複合管構造）

◇技術の適用範囲

管　　　種：鉄筋コンクリート管

形　　　状：円形，非円形（矩形，馬蹄形，門形）

管　　　径：＜円 形 管＞　呼び径 800 ～ 3,000

　　　　　　＜非円形管＞　短辺 800 mm 以上，長辺 5,000 mm 以下

施工延長：300 m

注　　　記：施工延長については，充填材を上流，下流側から 150 m ずつ注入した場合の施工延長である。

◇施工実績（抜粋）

施工年月	施工場所	工事件名	工事内容
2006年12月	横浜市	港北処理区南山田雨水幹線下水道整備工事	矩形5000×3000, 28m
2007年 2月	大阪市	曽根崎新地幹線下水管渠更生工事（その4）	馬蹄形2730×1560, 146.4m
2009年 9月	静岡市	城北処理区下水道管渠施設耐震化工事	矩形1850×1768, 340m
2012年10月	東京都	仙台堀西幹線再構築工事	矩形2700×2700, 395m
2012年12月	埼玉県	右岸流域新河岸川幹線管渠改築工事	円形φ2300, 204m
2013年10月	高槻市	公共下水道施設耐震化工事（第1工区）	円形φ1650, 156.6m
2014年12月	名古屋市	第3次名城幹線改築工事	馬蹄形1600×1600, 345.7m
2015年11月	浜松市	浅田幹線管きょ改築工事（第1工区）	円形φ1650, 191m
2016年 2月	千曲市	千曲川伊勢宮排水ポンプ場建設工事	門形2500×3500, 63m
2018年 2月	新潟市	北下第1号葛塚排水区雨水管更生工事	矩形1600×1900, 62m
2020年 8月	名古屋市	内浜幹線改築工事	矩形2500×2000, 272.0m
2021年 3月	堺市	土居川北線下水管耐震化工事(1-21)	矩形3600×2880, 302.5m

◇技術保有会社および連絡先

【技術保有会社】芦森工業株式会社　　　　　　　https://www.ashimori.co.jp/

　　　　　　　　芦森エンジニアリング株式会社　https://www.ashimori.co.jp/ashimori-eng/

【問 合 せ 先】芦森工業株式会社　パルテム営業部　TEL 03-5823-3042

◇審査証明有効年月日

2022 年 3 月 16 日 ～ 2027 年 3 月 31 日

サンエス
3Sセグメント工法

◇技術の概要

　　3Sセグメント工法は，老朽化した下水道管きょの形状（円形，非円形）を考慮した透明で軽量（1ピース当たり最大4kg程度）な更生用プラスチック製セグメント（以下，3Sセグメント）を人力にて既設人孔入口から搬入し，既設管内にて運搬を行い組み立てる工法である。その後，既設管と3Sセグメントとの隙間に3Sセグメント用充てん材（以下，3S充てん材）を注入し，3Sセグメント，3S充てん材および既設管を一体化した複合管を構築する技術である。

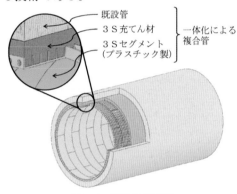

図－1　工法の概要図

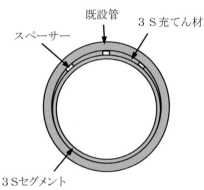

図－2　工法の構造図

円形管用

写真－1　3Sセグメント

矩形管用

◇技術の特長

（1）施工性

　　1）適応性：次の各条件および組立方法で円形管および非円形管の施工が可能。

　　　①段差，ズレ（勾配調整）：円形きょでは20～70mmまでの継手部，非円形きょでは呼び径の2%までの継手部に適応，勾配調整は両形状とも2%までの高さ調整

　　　②隙間150mm以下の継手部

　　　③屈　曲　角：円形きょでは最大20°の継手部，非円形きょ管では最大17°の継手部

　　　④下水供用下：水深は呼び径の30%以下かつ50cm以下，流速は1.0m/sec以下

　　　　　　　　　　（水深30cmを超える場合は0.2m/sec以下）

　　　⑤分割組立（底部および上部）　⑥上下流同時組立（二口施工）　⑦曲線半径3.2m以上の曲線部組立

2）作業性：大掛かりな設備が不要で施工が容易である。

①3Sセグメントは1ピースが最大4kg程度と軽量であり，なおかつ小型なため人孔入口の600mmからの搬入が可能

②施工は，大型機械設備を使用せず，最小作業帯は22.5m²，標準作業帯は組立搬入時30m²，充てん材注入時35m²で可能

③呼び径2,000以下の円形きょでは，サポートを使用せず施工が可能

3）充てん確認：複合管更生時における充てん材の注入状況が目視確認できる。

（2）耐荷性能

1）複合管断面の破壊強度・外圧強さ

①複合管を安全に設計でき，新管と同等以上の強度を有する。

②鋼材により補強された複合管を安全に設計でき，新管と同等以上の強度を有する。

2）充てん材圧縮強度：圧縮強度は，次の試験値以上である。

	1号・3号・5号・6号	4号
圧縮強度（N/mm²）	35	60

3）充てん材ヤング率：ヤング率は，次の試験値以上である。

	1号・3号・5号・6号	4号
ヤング係数（N/mm²）	15,000	18,000

写真－2　下水供用下施工

（3）耐久性能

1）接合部の接合強さ：接合部の接合強さは，0.02MPa以上である。

2）耐薬品性：3Sセグメントは，「下水道用硬質塩化ビニル管（JSWAS K-1）」と同等以上の耐薬品性を有する。

3）耐摩耗性：3Sセグメントは，「下水道用硬質塩化ビニル管（JSWAS K-1）」と同等程度の耐摩耗性を有する。

4）水密性：3Sセグメントの接合部は，0.3MPaの外水圧および内水圧に，また，スライドタイプセグメントの継手面凹凸部は，0.1MPaの外水圧および内水圧に耐える水密性を有する。

写真－3　充填性の目視確認

5）一体性：既設管きょと充てん材が一体化していること。

（4）耐震性能

1）水密性（管軸方向の耐震性）：複合管は，次の条件下で耐震性能を有する。

管の継手部および耐震リングについて，地盤の永久ひずみ1.5％による抜出し，およびレベル2地震動を想定した際の屈曲が同時に生じた場合でも，0.1MPaの内外水圧に耐える水密性を有する。

（5）材料特性：各材料は，次の試験値である。

1）表面部材：①長手方向引張降伏強さ35MPa以上

②引張破断伸び40％以上

③シャルピー衝撃強さ10kJ/m²以上

2）接合部シール材：①長手方向引張強さ 1.0 MPa 以上　　②引張破断伸び 300 ％以上

　　　　　　　　　　③ショア硬さ E44 ±10

3）その他材料（鋼材）

（6）物理特性

1）表面部材のビカット軟化温度：75℃以上である。

	引張降伏強さ(N/mm²)	ヤング係数(N/mm²)
①コンクリート用補強鉄線(SWM-C)	440 以上	200,000 以上
②異形棒鋼(SD295)	295 以上	160,000 以上

◇基準達成型の区分

管きょ更生工法（組立管，複合管構造）

◇技術の適用範囲

管　　種：鉄筋コンクリート管きょ　　形　　状：円形，非円形（矩形，馬蹄形）

管　　径：〈円 形 管〉 呼び径 800～3,000　　　施工延長：〈円 形 管〉 制限無し

　　　　　〈非円形管〉 短　辺 1,000 mm 以上　　　　　　〈非円形管〉 制限無し

　　　　　　　　　　　長　辺 6,200 mm 以下

◇施工実績（抜粋）

施工年月	施工場所	工事件名	既設管呼び径、内寸(mm)		延長(m)
令和4年3月	愛知県	管きょ改築工事	馬蹄形	995×1,700	444.00
令和4年6月	神奈川県 横浜市	下水道工事	円　形	2,600	4.00
令和4年11月	神奈川県 川崎市	下水幹線工事	矩　形	2,400×1,680	251.30
令和5年1月	東京都 北区	幹線再構築工事	円　形	1,800	154.00
令和5年1月	神奈川県 川崎市	下水幹線工事	矩　形	2,700×2,800	332.00
令和5年1月	埼玉県 川越市	管路施設更生工事	矩　形	2,300×1,400	41.00

◇技術保有会社および連絡先

【技術保有会社】株式会社湘南合成樹脂製作所　　http://www.shonan-gousei.co.jp/

　　　　　　　　前田建設工業株式会社　　　　　https://www.maeda.co.jp/

　　　　　　　　西松建設株式会社　　　　　　　https://www.nishimatsu.co.jp/

　　　　　　　　日本ヒューム株式会社　　　　　https://www.nipponhume.co.jp/

【問 合 せ 先】株式会社湘南合成樹脂製作所　　TEL 0463-22-0307

　　　　　　　　3SICP 技術協会　　　　　　　　TEL 03-5829-3581

◇審査証明有効年月日

2019 年 3 月 15 日～ 2024 年 3 月 31 日

クリアフロー工法

◇技術の概要

　クリアフロー工法は，高密度ポリエチレン製の帯板状であるライニング材と補強鋼材を連結材（鋼材）により一体化した更生材（以下，CFエレメント）を用いた管きょ更生工法である。なお，補強鋼材は，矩形きょにおいては直線部用補強鋼材（以下，ストレートフレーム）とハンチ部用補強鋼材（以下，ハンチフレーム）の組み合わせで，円形管および馬てい形きょにおいては円形・馬てい形用補強鋼材（以下，アーチフレーム）を用いる。

　施工方法は，ライニング材の両端部を地上部または管内で融着機により接合し，リング状にした後に，ライニング材の背面に補強鋼材を連結することによりCFエレメントにする。次に，所定の位置まで搬送し，高密度ポリエチレン製のかん合材により接続して連続した管体を形成する。その後，CFエレメント内面に支保工を設置して，既設管とCFエレメントとの空隙にセメント系充てん材を段階的に注入し，既設管と一体となった複合管を築造する。

　本工法は，ライニング材背面に補強鋼材を装着させて一体化することにより管体強度の向上を図っている。また，施工は下水道管路内に大きな機械を搬入することなく，下水供用下においても人力にて施工できる工法である。

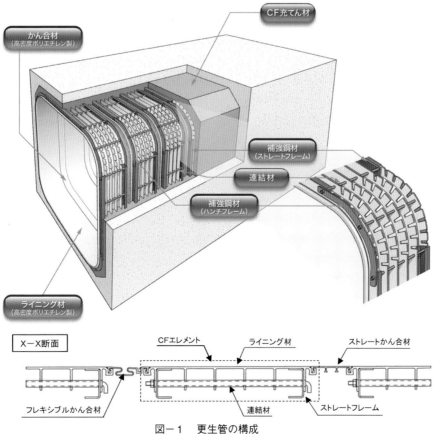

図－1　更生管の構成

◇技術の特長

技術の特長を以下に示す。

（1）施工性：次の各条件下で施工できる。

 1）継手部の条件

  ①段差 20 mm 以下の継手部

  ②隙間 150 mm 以下の継手部

  ③曲率半径 1.3 B（B＝既設管内幅）の曲率で製管できる屈曲角以下の屈曲部

  ④曲率半径 1.3 B 以上の曲がり部

 2）下水供用下の施工（水深：既設管寸法の 15 ％以下かつ 30 cm 以下，流速：1.0 m/sec 以下）

 3）マンホールからの施工

（2）耐荷性能

 1）複合管断面の破壊強度・外圧強さ：更生管は，新管と同等以上の強度を有する。

 2）充てん材圧縮強度：充てん材の圧縮強度は，次の試験値である。

  ①CF 1 号　50 N/mm² 以上

  ②CF 2 号　30 N/mm² 以上

  ③CF 3 号　30 N/mm² 以上

 3）充てん材ヤング率：充てん材のヤング率は，次の試験値である。

  ①CF 1 号　17,000 N/mm² 以上

  ②CF 2 号　12,000 N/mm² 以上

  ③CF 3 号　　9,000 N/mm² 以上

（3）耐久性能

 1）接合部の接合強さ：接合部の接合強さは，0.01 MPa 以上である。

 2）耐薬品性：表面部材は，「下水道用ポリエチレン管（JSWAS K-14）」と同等以上の耐薬品性を有する。

 3）耐摩耗性：表面部材は，「下水道用硬質塩化ビニル管（JSWAS K-1）」と同等程度の耐摩耗性を有する。

 4）水　密　性：更生管は，かん合部で 0.2 MPa の外水圧および内水圧に耐える水密性を有する。

 5）一　体　性：既設管きょと充てん材が一体化している。

（4）耐震性能

 1）水密性（継手部の追従性）

  更生管は，継手部に軸方向変位と屈曲による目開き量が 30 mm 以下の場合において 0.05 MPa の内水圧に耐える水密性を有する。

（5）材料特性

 1）表面部材：表面部材は，次の材料特性を有する。

  ①長手方向引張降伏強さ 15 MPa 以上

  ②引張破断伸び 300 ％以上

 2）接合部シール材：接合部シール材は，次の材料特性を有する。

  ①長手方向引張強さ 1 MPa 以上

  ②引張破断伸び 200 ％以上

  ③ショア硬さ E 20 以上

　3）その他材料（補強鋼材）：補強鋼材は，次の材料特性を有する。

　　①引張降伏強さ 245 N/mm² 以上

　　②ヤング係数 190 GPa 以上

（6）物理特性：表面部材のビカット軟化温度は，100℃以上である。

◇基準達成型の区分

管きょ更生工法（組立管，複合管構造）

◇技術の適用範囲

既設管寸法形状：【非円形】※矩形・馬蹄形

　　　　　　　　　　　短　辺 1,000 mm 以上，

　　　　　　　　　　　長　辺 5,000 mm 以下

　　　　　　　【円　形】呼び径 2,000 mm 以上

　　　　　　　　　　　　5,000 mm 以下

管　　　　種：鉄筋コンクリート管等の剛性管

施　工　延　長：制限なし

◇施工実績（抜粋）

施工年月	口径	施工延長	施工場所
2017 年　3 月	□1,400×1,540	325	静岡市
2017 年 12 月	□2,250×1,570	185.1	福岡市
2018 年　1 月	□1,500×1,500	24	名古屋市
2018 年　1 月	□2,800×1,800	32	寒川町
2018 年　9 月	□3,300×2,640	179.3	堺市
2018 年 11 月	□1,650×1,250	67	秋田市
2019 年　1 月	□2,100×1,900	167.5	広島市
2019 年　7 月	△3,000×2,400	111.7	福岡市
2019 年　9 月	□2,050×4,100	70.4	倉敷市
2020 年　3 月	△2,100×1,900	160	広島市
2021 年　3 月	□3,030×2,970	241	尼崎市
2022 年　3 月	□2,800×2,500	143	千葉市
2022 年　5 月	□4,000×4,000	46	福岡市
2023 年　3 月	□1,000×1,000	10	名古屋市
2023 年　3 月	□2,800×1,950	51	狭山市

◇技術保有会社および連絡先

【技術保有会社】株式会社大阪防水建設社　　https://obcc.co.jp/

　　　　　　　　株式会社クボタケミックス　　https://www.kubota-chemix.co.jp/

【問　合　せ　先】クリアフロー工法協会　　TEL 06-6761-6100

　　　　　　　　　　　　　　　　　　　　http://www.clear-flow.jp/

◇審査証明有効年月日

2019 年 3 月 15 日 〜 2024 年 3 月 31 日

ＰＦＬ工法

◇技術の概要

　ＰＦＬ工法は，既設管きょの内面に炭素繊維による補強材（ＫＢＭ，トレカラミネート），またはアラミド繊維による補強材（フィブラロッド）を取付けた後に，裏面に突起のついたポエチレン製の表面部材（ＰＬパネル，ＰＬライナー）を設置し，既設管と表面部材の隙間に無収縮モルタル（ＰＬモルタル）を注入して一体化させることで新しい下水道管きょを構築する更生工法（複合管）である。

　表面部材目地部の接合は，表面部材と同質の溶接ワイヤーと専用の溶接機により溶着することにより均一な仕上げと水密性が確保できる。また，パネルや補強材の設置等の現場作業は人力で行い，専用の大型機械を必要としないため，作業スペースが省略化できる。

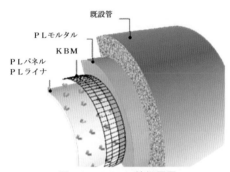

図－1　ＰＦＬ工法概要図

写真－1　ＰＬパネル

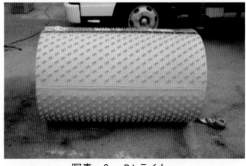

写真－2　ＰＬライナー

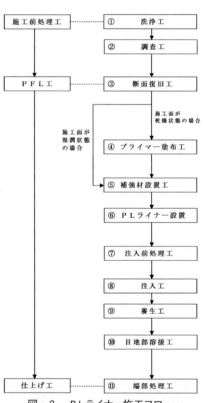

図－2　ＰＬライナー施工フロー

写真－3　ＰＦＬ工法内面

◇技術の特長

技術の特長を以下に示す。

（1）施工性：次の各条件下で，施工できる。

①段差：200 mm 以下の継手部

②隙間：200 mm 以下（目開き 200mm 以下の屈曲も含む）の継手部

③内径や形状が異なる断面変化部

（2）耐荷性能

1）複合管断面の破壊強度・外圧強さ（円形管）

円形管において，更生管が新管と同等以上の強度を有する。

矩形きょにおいて，更生管が新管と同等以上の強度を有する，および更生管が安全に設計される。

2）充填材圧縮強度：充填材の圧縮強度は，次の試験値である。

圧縮強度　45 N/mm² 以上

3）充填材ヤング率：充填材のヤング率は，次の試験値である。

ヤング率　25,000 N/mm² 以上

（3）耐久性能

1）接合部の接合強さ：接合部の接合強さは，0.1 MPa 以上である。

2）耐薬品性：PLパネル，PLライナーは，「下水道用ポリエチレン管（JSWAS K-14）」と同等以上の耐薬品性を有する。

3）耐摩耗性：PLパネル，PLライナーは，「下水道用硬質塩化ビニル管（JSWAS K-1）」と同等程度の耐摩耗性を有する。

4）水　密　性：PLパネルおよびPLライナーの目地部は，0.1 MPa の外水圧，内水圧に耐える水密性を有する。

5）一　体　化：既設管きょと充填材が一体化している。

（4）耐震性能：複合管は次の条件下で耐震性能を有する。

管きょと管きょの継手部およびかん合部材間について，地盤の永久ひずみ 1.5 ％による抜け出しおよびレベル 2 地震動を想定した際の屈曲が同時に生じた場合でも，0.1 MPa の内水圧に耐える水密性を有する。

（5）材料特性：各材料は，次の試験値である。

1）表面部材

①長手方向引張降伏強さ 16 MPa 以上

②引張破断伸び 600 ％以上

2）その他材料（補強材）

①K　　　　B　　　　M：引張降伏強さ　　1,400 N/mm² 以上

　　　　　　　　　　　　ヤ ン グ 係 数 100,000 N/mm² 以上

②フィブラロッド：引張降伏強さ　　1,150 N/mm² 以上

　　　　　　　　　ヤ ン グ 係 数　63,000 N/mm² 以上

③トレカラミネート：引張降伏強さ　　2,400 N/mm² 以上

　　　　　　　　　　ヤ ン グ 係 数 167,000 N/mm² 以上

（6）物理特性

　　1）表面部材のビカット軟化温度

　　　　　ビカット軟化温度が100℃以上である。

◇基準達成型の区分

基準達成型'19-管きょ更生工法（組立管，複合管構造）

◇技術の適用範囲

PLパネル

管　　　種：鉄筋コンクリート管

形　　　状：円形，非円形（矩形，馬蹄形，門形）

管　　　径：円形の場合，呼び径800mm以上

　　　　　　非円形の場合，管きょ内で作業員が

　　　　　　作業できること

施工延長：制限なし

PLライナー

管　　　種：鉄筋コンクリート管

形　　　状：円　形，馬蹄形

管　　　径：円　形　呼び径800～2300mm

　　　　　　馬蹄形　既設管高さ1,290mm以下

　　　　　　　　　　既設管幅1,290mm以下

　　　　　　管きょ内で作業員が作業できること

施工延長：制限なし

◇施工実績（抜粋）

施工年月	施工場所	工事件名	工事内容
平成19年10月	兵庫県尼崎市	建家町地内下水管渠改築工事	2750/2450×1250　L=85 m 2600/2350×1250　L=14 m 1500×1300×2連 L=36 m
平成21年12月	和歌山県	栄谷団地下水管渠改築工事	□1500×1000　L=137 m
平成23年3月	大阪府枚方市	六軒樋門改良工事	△1820×1220　L=50 m
平成25年10月	大阪府大阪市	桃谷2丁目地内下水管渠更生工事	△1290×1290　L=327.15 m
平成28年2月	大阪府寝屋川市	萱島東地区管路改築工事	φ800 L=38.7 m　φ2300 L=23.6 m

◇技術保有会社および連絡先

【技術保有会社】株式会社トラストテクノ　　　　　https://kobe-fss.jp/

　　　　　　　　株式会社オクムラ道路　　　　　　http://www.okumuradouro.co.jp/

　　　　　　　　NC建材株式会社　　　　　　　　　https://www.nccmt.co.jp/

　　　　　　　　泉都興業株式会社　　　　　　　　https://www.sento-sakai.co.jp/

　　　　　　　　大幸道路管理株式会社　　　　　　http://daikou-douro.co.jp/

　　　　　　　　東レ建設株式会社　　　　　　　　https://www.toray-tcc.co.jp/

　　　　　　　　株式会社ヨシダ

【問 合 せ 先】ポリエチレンライニング工法協会　TEL 078-595-9492

◇審査証明有効年月日

2020年3月17日～2025年3月31日

2023年版　下水道管きょ更生工法ガイドブック
定価2,200円（本体2,000円＋税10%）

令和5年7月28日　　発行©

　監　修　公益財団法人　日本下水道新技術機構
　発　行　株式会社　日本水道新聞社
　　　　　〒102-0074　東京都千代田区九段南4-8-9日本水道会館
　　　　　TEL　03-3264-6721
　　　　　FAX　03-3264-6725

不許複製　落丁本・乱丁本はお取替えいたします。
　　　　　印刷・製本 第一資料印刷株式会社
　　　　　ISBN978-4-930941-86-2
　　　　　C3051　￥2000
　　　　　　　　　　　　　　　　Printed in Japan

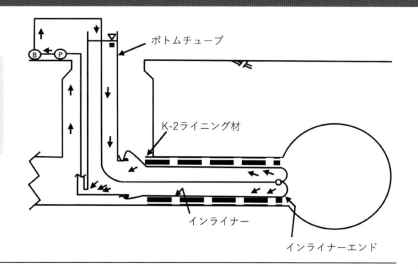
急増する老朽管へ効率的・効果的な対策が重要に

下水道事業を取り巻く課題は様々ですが、施設の老朽化は大きな課題となっています。なかでも管路施設の老朽化は顕著であり、今後も老朽管の増加が想定されています。下水道サービスを将来にわたって確保していくためには、計画的な維持管理や改築が非常に重要です。

管路施設の年度別管理延長（令和３年度末）国土交通省 HP より

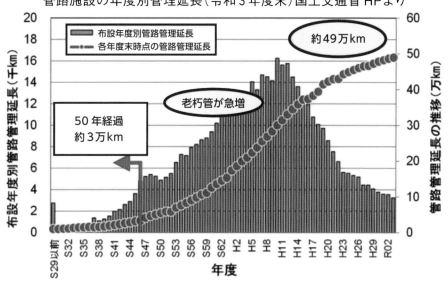

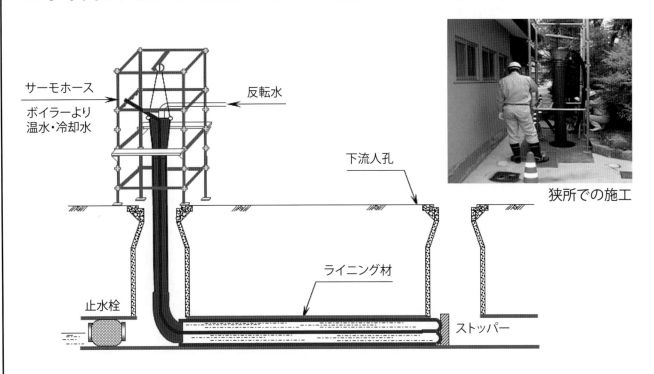

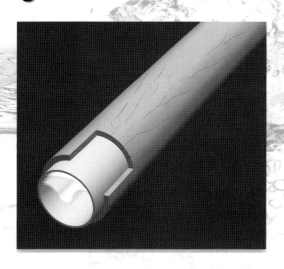
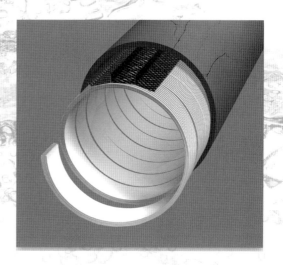

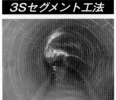

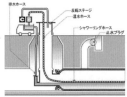
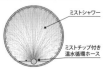
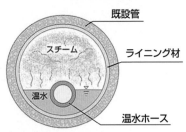
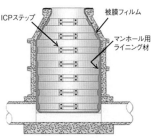

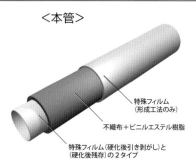
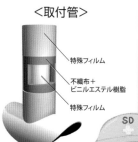

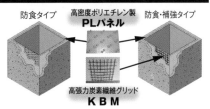
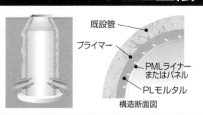

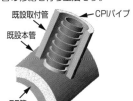